石油教材出版基金资助项目

高等院校特色规划教材

材料类专业实践教学指导教程

王洪铎　刘彦明　主编

石油工业出版社

内 容 提 要

本书系统介绍了焊接技术与工程专业和材料成型及控制工程专业的典型实验,包括材料基础实验、材料焊接检测分析实验、焊接实验、材料成型及控制实验以及模具及工艺实验等方面的41个实验,共六章内容。既有实践过程,又有一定的理论深度。

本书可作为材料类相关专业本科学生的实验教学用书,也可供教师、研究生、工程技术人员等进行培训、实验和研究时参考。

图书在版编目(CIP)数据

材料类专业实践教学指导教程/王洪铎,刘彦明主编. —北京:石油工业出版社,2020.6

高等院校特色规划教材

ISBN 978 - 7 - 5183 - 3967 - 9

Ⅰ.①材… Ⅱ.①王…②刘… Ⅲ.①工程材料—高等学校—教材 Ⅳ.①TB3

中国版本图书馆 CIP 数据核字(2020)第 076815 号

出版发行:石油工业出版社

       (北京市朝阳区安定门外安华里 2 区 1 号楼　100011)

       网　　址:www. petropub. com

       编辑部:(010)64523697

       图书营销中心:(010)64523633

经　　销:全国新华书店

排　　版:北京密东文创科技有限公司

印　　刷:北京中石油彩色印刷有限责任公司

2020 年 6 月第 1 版　2020 年 6 月第 1 次印刷

787 毫米 ×1092 毫米　开本:1/16　印张:14.5

字数:366 千字

定价:33.90 元

前　言

随着时代的发展，实践型和应用型人才需求量不断上升，高校人才培养目标也在不断调整，由重理论教学向实践教学倾斜，以适应时代发展的步伐。实践教学的改革和发展，需要一些系统的教材，这是本书编写的出发点。

本书是根据焊接技术与工程专业和材料成型及控制工程专业的实验教学要求编写，大致结构是：第一章至第五章介绍41个实验，包括材料基础实验、材料焊接检测分析实验、焊接实验、材料成型及控制实验、模具及工艺实验，涉及诸多专业基础课和专业课的内容，既有基础实验，又有综合性和设计性实验。第六章为数据分析及处理方法。本书着力培养学生的动手能力、创新能力和研究能力，编写力求内容完整、实用性强，不仅具有一定的理论深度，还具有易操作性和对学生的启发性。

本书由西安石油大学王洪铎和刘彦明主编。具体编写分工如下：第一章、第二章、第三章、第四章由王洪铎和刘彦明编写，第五章由李光和姚婷珍编写，第六章由姚婷珍和王党会编写。全书由王洪铎和刘彦明统稿。

在本书编写过程中，参考引用了大量文献，由于条件所限，未能将所有参考文献一一列出，在此对所有文献的作者表示衷心的感谢。此外，本书在编写过程中得到了西安石油大学材料科学与工程学院及教务处的大力支持，在此也表示感谢。

由于作者的理论水平有限，书中难免存在疏漏和不足之处，敬请读者批评指正。

编　者
2020 年 4 月

目　　录

第一章

材料基础实验

实验 1　金相试样的制备及碳钢的平衡组织观察

一、实验目的

(1) 学会金相试样的制备方法；

(2) 了解金相显微镜的基本构造及成像原理，并学会其使用方法；

(3) 了解碳钢在平衡状态下的显微组织。

二、实验概述

1. 金相试样的制备

要对金属材料的显微组织进行观察，就必须先做成专门的金相试样。一般金相试样的制备过程包括取样、磨制、抛光、浸蚀四个步骤。

1) 取样

取样时应根据零件的特点及检验目的选取具有代表性的部位。例如，分析机械零件破坏原因时应在破坏最严重处和远离破裂处分别切取，观察组织的区别，分析破坏的原因。研究铸件组织时，由于组织不均匀，应从表层到中心同时切取几个试样，分析各个部位金相组织的差异，了解结晶组织的变化。研究退火热处理后的机械零件时，由于其内部组织比较均匀，可切取任意截面试样进行分析。

试样切取时，应小心操作，不得因加工过热而改变其组织。取样的常用方法有锯、气割、砂轮切割、线切割等。对于细小和形状特殊的试样(如丝、带、片等)，不便于磨制和抛光时，须将其镶嵌在塑料及低熔点的合金中或用专用夹具夹持，以便进行磨制和抛光操作。一般金相试样的尺寸为边长 12mm、高 12mm 的柱体或采用直径为 12mm、高为 12mm 的圆柱体。

2) 磨制

磨制分为粗磨和细磨。

（1）粗磨：用锉刀、砂轮或粗砂纸将试样表面磨平、修整成平整合适的形状，不做表面层金相检验的试样应倒角，以免抛光时撕裂抛光布。注意磨制时应不断用冷却液进行冷却以免试样表面过分发热而引起内部组织变化。

（2）细磨：试样的细磨一般在由粗到细的金相砂纸上进行，细磨的目的是消除粗磨过程中产生较粗、较深的磨痕，为抛光做好准备。手工操作时应注意，将砂纸平铺在玻璃板上，一手将砂纸按住，一手将试样轻压在砂纸上，向一个方向推进，如图1-1-1所示。细磨时，从粗砂纸到细砂纸依次进行（金相砂纸标号依次为W50、W28、W14、W10号四级）；每换一次砂纸，试样须转90°与旧磨痕成垂直方向，向一个方向磨至旧磨痕完全消失，新磨痕均匀一致时为止；每次磨制后更换新砂纸前，试样都要用清水冲洗，以免上一道工序的粗沙砾带到细砂纸上而形成深的划痕。磨削时不可用力过重，否则容易产生过深的划痕。

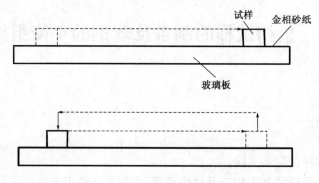

图1-1-1　金相试样磨制示意图

3）抛光

细磨后的试样用水冲洗后就可进行抛光。抛光的目的是去除试样磨面上经细磨所产生的均匀而细微的划痕，使检验面呈光亮的镜面。

机械抛光在金相试样抛光机上进行，抛光机的电动机带动抛光盘高速旋转。抛光时要握紧试样，将被磨面轻压在旋转的抛光盘上，用力要轻，并应使试样沿着抛光盘半径方向上来回移动，要不断地在抛光盘上加抛光液（抛光液是微粒度磨料加水而成的悬浮液），抛光时间不宜太长，到划痕完全消失为止，一般约需3~5min。抛光后的试样表面用水冲净，浸以酒精。

抛光好的磨面如镜面，在低倍显微镜下观察，没有明显的刻痕和蚀坑。这时就可以进行浸蚀显示组织，进行观察研究。

4）浸蚀

抛光后的试样若直接放在显微镜下进行观察，只能看到光亮的表面及某些非金属夹杂物。要观察金属内部的组织，则必须用浸蚀剂浸蚀试样表面，常用化学浸蚀剂如表1-1-1所示。浸蚀时可用棉花蘸上浸蚀剂在磨面上轻轻擦拭，或将磨面向上完全浸入浸蚀剂中。浸蚀时间一般由浸蚀剂浓度及金属材料而定。浸蚀剂可查相关手册选用。若选45钢试样，则浸蚀剂选用4%的硝酸酒精溶液，浸蚀的时间约为8~15s（浸蚀时间与浸蚀剂的浓度有很大关系）。若浸蚀不足可继续浸蚀；但浸蚀过度则需重新抛光。纯金属及单相合金浸蚀时，由于晶界处缺陷、杂质多，晶界原子排列较乱，易被浸蚀而呈凹陷，在显微镜下观察时，光线发生散射，反射光线不能进入显微镜物镜，因此，观察到一条条黑色的晶界和一颗颗白色的晶粒（由于晶粒未被浸蚀，光线垂直反射进入显微镜，故呈白亮色），如图1-1-2所示。

表 1-1-1　常用化学浸蚀试剂

浸蚀试剂名称	成　分		浸蚀条件	适 用 范 围
硝酸酒精溶液	HNO₃(1.42g/mL)	2～5mL	浸蚀几秒至1min	浸蚀铸铁、碳钢及低合金钢组织
	乙醇	100mL		
苦味酸酒精溶液	苦味酸	5g		
	乙醇	100mL		
碱性苦味酸溶液	NaOH	25g	加热到100℃使用，浸蚀5～25min	显示钢中的碳化物,碳化物被污成黑色
	苦味酸	5g		
	H₂O	100g		
混合酸甘油溶液	HNO₃(1.42g/mL)	10mL	用时稍加热	显示高速钢、高锰钢、镍铬合金等组织
	HCl(1.19g/mL)	20～30mL		
	甘油	30～20mL		
氯化铁盐酸水溶液	FeCl₃	5g	浸蚀1～2min	显示奥氏体镍钢及不锈钢组织
	HCl(1.19g/mL)	50mL		
	H₂O	100mL		
硫酸铜盐酸水溶液	CuSO₄	4g	用时稍加热	显示不锈钢组织
	HCl(1.19g/mL)	50g		
	H₂O	20mL		
氯化铁盐酸水溶液	FeCl₃	5g	揩拭法浸蚀	铜、黄铜、青铜、磷青铜
	HCl(1.19g/mL)	50mL		
	H₂O	100mL		
氢氟酸盐酸水溶液	HF	10mL	浸蚀1～2s	铝及铝合金
	HCl	15mL		
	H₂O	90mL		
草酸溶液	草酸	2g	揩拭法浸蚀1～2s	显示铸造及形变后镁合金组织
	H₂O	98mL		

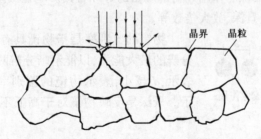

图 1-1-2　纯金属的化学浸蚀

2.金相显微镜的构造与成像原理

用来观察和研究金属显微组织的光学显微镜称为金相显微镜。金相显微镜利用反射光来观察不透明的金属物体。金相显微镜的种类很多,通常可分为台式、立式和卧式金相显微镜三大类。下面介绍4X型初级台式金相显微镜(简称4X金相显微镜)的构造、成像原理及使用方法。

4X 金相显微镜主要由光学系统、照明系统和机械系统三部分组成。4X 金相显微镜的外形结构如图 1 – 1 –3 所示。

1) 光学系统

如图 1 – 1 – 4 所示,由灯泡 1 发出一束光线,经过聚光镜组 2 及反光镜 7 被会聚在孔径光阑 8 上,随后经过聚光镜组 3,再度将光线会聚在物镜组 6 的后焦面,最后光线通过物镜,用平行光照明试样,使其表面得到充分均匀的照明。从物体反射回来的光线复经物镜组 6、辅助透镜 5、半反射镜 4、辅助透镜 10 以及棱镜 11 与棱镜 12 造成一个物体的倒立放大的实像,该像被场镜 13 和接目镜 14 所组成的目镜放大,最后进入观察者的眼睛。

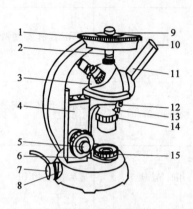

图 1 – 1 –3　4X 金相显微镜外形图
1—载物台;2—物镜;3—物镜转换器;4—传动箱;
5—微动调焦手轮;6—粗动调焦手轮;7—光源;
8—偏心圈;9—试样;10—目镜;11—目镜管;
12—固定螺钉;13—调节螺钉;
14—视场光阑;15—孔径光阑

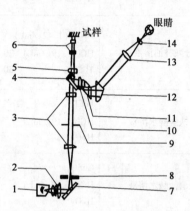

图 1 – 1 – 4　4X 金相显微镜光学系统
1—灯泡;2—聚光镜组(1);3—聚光镜组(2);
4—半反射镜;5—辅助透镜(1);6—物镜组;
7—反光镜;8—孔径光阑;9—视场光阑;
10—辅助透镜(2);11—棱镜;12—棱镜;
13—场镜;14—接目镜

光学系统的核心部件是目镜和物镜。其任务是完成金相组织的放大,获得清晰的图像。

目镜是用来观察由物镜所成像的放大镜。

物镜起放大和清晰成像的作用。物镜质量的好坏直接影响显微镜的成像质量。物镜的主要性能指标包括鉴别率、景深、放大倍数等。

图 1 – 1 – 5　物镜清晰成像作用

物镜的鉴别率是指物镜具有将试样上两个物点清晰分辨的最大能力,以能清晰分辨两个物点的最小距离 d 来表示,d 越小,表示物镜的鉴别率越高,如图 1 – 1 – 5 所示。景深是反映物镜对于高低不平的物体能清晰成像的能力,又称垂直鉴别率。

物镜上刻有如 40 × /0.65 等符号,其中 40 × 表示物镜的放大倍数,0.65 表示物镜的数值孔径(它是影响物镜鉴别率的重要因素之一)。

显微镜的放大倍数是目镜放大倍数与物镜放大倍数的乘积。

2) 照明系统

照明系统主要由位于显微镜底部的光源、聚光镜组、反光镜、孔径光阑及视场光阑组成。通过以上一系列的透镜及物镜本身的作用,使试样表面获得充分均匀的照明。

孔径光阑:调节孔径光阑的作用是控制入射光束的粗细。孔径光阑对成像质量有重要影响,缩小孔径光阑可减小像差,加大景深,成像清晰,但使物镜鉴别率降低;反之,扩大孔径光阑可提高鉴别率,但成像质量降低。因此,孔径光阑的调整要适当,以观察成像最清晰时为适度。

视场光阑:视场光阑的作用是调节所观察视场的大小,它不影响物镜的鉴别率。视场光阑越小,像的衬度越佳。因此为了增加衬度可将视场光阑尽量缩小,如观察金相组织时调至与目镜视场同样大小,在金相摄影时,调节至画面尺寸为佳。

3)机械系统

机械系统(图 1-1-3)包括载物台、粗微动调焦装置、物镜转换器、底座等。

载物台:试样 9 磨面向下放置在载物台 1 上,可用手轻推载物台在水平面任意方向微微移动,以便选择观察试样的适当部位。

粗微动调焦装置:用来调节物镜 2 与试样 9 的距离,以得到最清晰的图像。旋转粗动调焦手轮 6 能使载物台迅速上升或下降,旋转微动调焦手轮 5 能使载物台缓慢升降,进行精确调焦。

物镜转换器:物镜转换器 3 可安装三个不同放大倍数的物镜,与目镜配合可获得不同的放大倍数。

底座:支撑整个镜体,安装金相摄影装置。

3.金相显微镜的操作步骤

金相显微镜是精密仪器,必须细心谨慎使用。它的操作步骤如下:

(1)根据放大倍数选择物镜和目镜。

(2)将试样的磨面对准物镜,放在载物台 1 上(图 1-1-3)。

(3)打开电源。

(4)旋转粗动调焦手轮 6 进行调焦,当呈现出模糊的影像时,再转动微动调焦手轮 5,直至所观察的像清晰为止。

(5)按需要调节孔径光阑和视场光阑的大小。

(6)观察显微组织时,可移动(不能转动)载物台 1,对试样的各部位进行观察。

(7)观察完毕后,应关掉电源,取下试样。

注意事项:

(1)了解显微镜的构造,操作要细心。遇有故障时不得擅自处理,应立即报告指导老师。

(2)应把连接显微镜照明灯泡(6V,15W)的插头插入 6V 变压器,不可直接插入 220V 的电源插座,以防灯泡烧坏及发生触电事故。

(3)制备好的试样要保持清洁、干燥,无残留浸蚀液,以免浸蚀镜头。

(4)切勿用手触摸镜头、镜片,如发现镜头上有脏物时,用镜头纸或毛刷轻轻擦去。

(5)观察完毕后应及时关闭电源。

4.碳钢的平衡组织观察

碳钢的平衡组织是指合金在极为缓慢的冷却条件下(如退火)所得到的组织。其基本组织有铁素体(F)、渗碳体(Fe_3C)、珠光体(P)和莱氏体(Ld')。

1)铁素体(F)

铁素体是碳溶解在 $\alpha-Fe$ 中的间隙固溶体。它的溶碳量随着温度的改变而变化,其最大的溶碳量为 0.0218%。经 4% 硝酸酒精溶液浸蚀后,在金相显微镜下观察呈白色多边形晶粒,黑色网是晶粒边界(即晶界)。重浸蚀后的晶粒呈现明暗不同的颜色,这是由于各晶粒的位向不同,显示出的晶粒具有不同的耐腐蚀性。亚共析钢中,随着含碳量的增加,珠光体含量增加而铁素体量减小,当铁素体量多时,它呈块状分布,当碳钢的含碳量接近共析成分时,铁素体在珠光体边界上呈网状分布。

铁素体硬度低,一般为 80~120HB,强度也就较低,但塑性和韧性好。

2)渗碳体(Fe_3C)

渗碳体是一种铁碳化合物,含碳量为 6.69%,在铁碳合金中,当碳含量超过其溶解度时,多余的碳就以 Fe_3C 的形式出现。渗碳体的抗腐蚀能力较强,经 4% 酒精溶液浸蚀后仍呈白亮色。白口铁中的一次渗碳体是直接从液体中析出,呈粗大条状分布在莱氏体基体中;二次渗碳体由奥氏体中析出,由于量少而沿着奥氏体晶界分布,随后奥氏体变成珠光体,因此室温下二次渗碳体呈网状分布在珠光体的边界上。

渗碳体硬度很高,可达 800HB,它是一种硬脆相,所以强度、塑性都很差。故单纯的渗碳体或以它为基体的合金没有使用价值,只有在铁素体基体上分布适量的渗碳体才具有使用价值(很重要)。

3)珠光体(P)

珠光体是铁素体和渗碳体的两相混合物,是由高温奥氏体(A)冷却到 727℃ 时发生共析反应所得到的铁素体和渗碳体交替形成的层片状组织。经 4% 硝酸酒精溶液浸蚀后,在低倍数下观察,铁素体和渗碳体无法分辨,呈现黑色块状,在中高倍数下观察,片状珠光体中铁素体呈白亮色,而渗碳体呈黑色条纹状。这是因为低倍观察时显微镜分辨率低、高倍时显微镜分辨率高的缘故。

片状珠光体的硬度为 190~230HB,随着片层间距的变小而硬度升高。

4)莱氏体(Ld′)

莱氏体是一种两相共晶组织。莱氏体在 727℃ 以上是奥氏体和渗碳体共晶的机械混合物(称为高温莱氏体 Ld);在 723℃ 时,奥氏体发生共析反应,转换为珠光体。所以室温下观察到的莱氏体组织是珠光体和渗碳体的机械混合物。经 4% 硝酸酒精浸蚀后,莱氏体的组织特征是白亮色的渗碳体基体上分布着黑色点状或条状珠光体。

莱氏体的硬度很高,可达 700HB,性脆。它一般存在于含碳量大于 2.11% 的白口铁中,在某些高碳合金钢的铸造组织中也会出现。

碳钢包括工业纯铁、钢和铸铁三大类。其中钢根据组织可分为亚共析钢、共析钢、过共析钢三类;铸铁根据组织可分为亚共晶白口铁、共晶白口铁和过共晶白口铁三大类。碳钢在室温下的显微组织如表 1-1-2 所示。金相显微组织如图 1-1-6 至图 1-1-13 所示。

表 1-1-2　碳钢在室温下的平衡组织

名　称	含碳量,%	热处理状态	显微镜组织	浸蚀剂
工业纯铁	<0.02	退火	F	4% 硝酸酒精溶液
亚共析钢	0.02~0.77	退火	F+P	4% 硝酸酒精溶液
共析钢	0.77	退火	P	4% 硝酸酒精溶液
过共析钢	0.77~2.11	退火	P+二次 Fe_3C	4% 硝酸酒精溶液

名　称	含碳量,%	热处理状态	显微镜组织	浸　蚀　剂
亚共晶白口铁	2.11~4.3	退火	$P + Ld' + 二次 Fe_3C$	4%硝酸酒精溶液
共晶白口铁	4.3	退火	Ld'	4%硝酸酒精溶液
过共晶白口铁	4.3~6.69	退火	$Ld' + 一次 Fe_3C$	4%硝酸酒精溶液

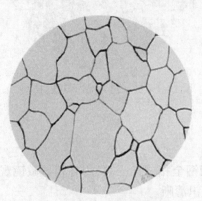

图 1-1-6　工业纯铁(200×)

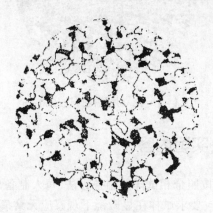

图 1-1-7　20 钢(200×)

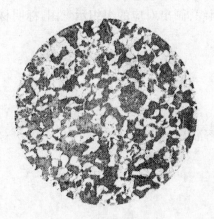

图 1-1-8　45 钢(200×)

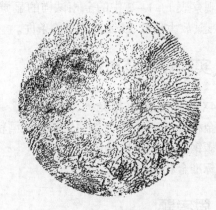

图 1-1-9　T8 钢(400×)

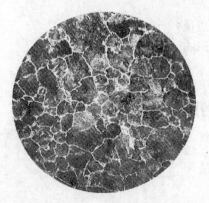

图 1-1-10　T12 钢(100×)

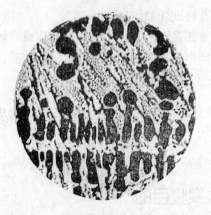

图 1-1-11　亚共晶白口铁(200×)

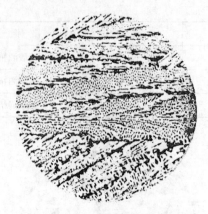 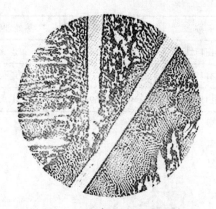

图 1 – 1 – 12　共晶白口铁(200×)　　　图 1 – 1 – 13　过共晶白口铁(160×)

三、实验内容

(1)按照金相试样的制备方法,每人制备出碳钢金相试样一块,用金相显微镜观察自己制备的试样,要求试样在显微镜下观察应无磨痕、组织清晰。

(2)了解金相显微镜的构造及成像原理,学会显微镜的使用。

(3)观察表 1 – 1 – 2 中的金相试样的显微组织,画出对应的组织示意图,标明材料名称、热处理状态、放大倍数、浸蚀剂等实验条件。

四、实验设备及材料

(1)4X 金相显微镜、抛光机、吹风机。

(2)金相砂纸一套、抛光剂、4%的硝酸酒精溶液、无水酒精等。

(3)碳钢原材料若干。

(4)标准金相试样若干。

五、思考题

(1)金相试样如何显露?

(2)金相显微镜主要由哪几部分构成? 如何成像?

(3)碳钢中含碳量如何对其组织与性能产生影响?

实验 2　碳钢的热处理

一、实验目的

(1)了解碳钢普通热处理的原理及操作方法;

（2）了解碳钢热处理后的组织与性能；

（3）分析碳钢热处理时，加热温度、冷却速度及回火温度对其组织与硬度的影响。

二、实验原理

碳钢的热处理是指将碳钢在固态下进行加热、保温和冷却，以改变其组织和性能的一种工艺。通过热处理能显著提高钢的力学性能，提高零件的使用寿命。因此热处理在机械制造业中占有十分重要的地位。

热处理工艺过程分为加热、保温和冷却三个阶段，工艺曲线如图1－2－1所示。

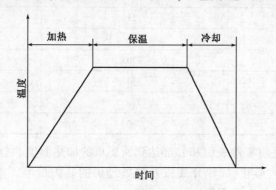

图1－2－1　热处理工艺曲线

加热：大多数碳钢零件进行热处理时，都需要加热到相变点以上，以获得全部或部分均匀的奥氏体组织。

保温：保温的目的是为了使零件内外都达到所要求的温度，完成组织转变。

冷却：冷却介质是影响钢最终获得组织与性能的重要工艺因数，同一种碳钢，在不同的介质冷却时，由于冷却速度不同，奥氏体在不同温度下发生变化，得到不同的组织产物，具有不同的性能。冷却介质主要根据零件所要求的组织和性能来确定。

碳钢的热处理一般分为淬火、回火、退火、正火四种，俗称"四把火"。同一种材料，采用不同的热处理方法，最终所获得的组织和性能不同。

1. 碳钢的淬火

淬火是将钢加热到临界点 Ac_1 或 Ac_3 以上 30～50℃，经过适当的保温后，在冷却介质中快速冷却，以得到马氏体组织的一种热处理工艺。淬火可显著提高碳钢的强度和硬度，以适应零件的使用要求。而淬火加热温度、保温时间和冷却速度是影响淬火质量的重要工艺参数。

亚共析钢的淬火加热温度一般在 Ac_3 以上 30～50℃，经过适当的保温后得到均匀细小的奥氏体组织，淬火后得到均匀细小的马氏体组织。若加热温度在 Ac_1～Ac_3 之间，此时亚共析钢的组织为铁素体和奥氏体，淬火后的组织为铁素体和马氏体。由于铁素体的存在，显著降低了钢淬火后的硬度和强度。若加热温度过高，奥氏体晶粒粗化，淬火后得到粗大马氏体，使钢的韧性变差，同时也增加了淬火应力，使零件变形和开裂倾向增大；共析钢和过共析钢的淬火加热温度一般在 Ac_1 以上 30～50℃，经过适当的保温后得到奥氏体或奥氏体与渗碳体，淬火后得到的马氏体或马氏体与少量渗碳体，由于渗碳体的存在，提高了淬火钢的硬度和耐磨性。若加热温度选在 Ac_{cm} 以上，渗碳体全部溶解于奥氏体中，淬火后得到粗大马氏体和残余奥氏体，使钢的硬度、耐磨性变差。若加热温度过低,得到非马氏体组织,淬火就失去意义。

表 1 – 2 – 1 列出了部分常用碳钢的临界温度,供同学们实验时查阅。

表 1 – 2 – 1　碳钢的临界温度

钢号	临界温度,℃	
	Ac_1	Ac_3 或 Ac_{cm}
15	735	863
20	732	855
40	724	813
45	724	790
50	725	780
65	727	760
T7	730	752
T8	730	770
T10	730	800
T12	730	820

加热、保温的目的是使零件表面和心部达到所要求的加热温度,完成组织转变。保温时间主要取决于零件的大小、形状、加热介质以及热处理炉的装炉量等。本次实验选用圆柱形试样,淬火保温时间按直径每毫米保温 1min 计算。

冷却是淬火的关键工序,同一种碳钢,在不同的冷却介质中冷却时,由于冷却速度不同,最终得到的组织不同。常用的冷却介质有水、盐水和油,本次实验采用盐水冷却。

2. 淬火钢的回火

回火是将淬火后的碳钢加热到 Ac_1 以下某一温度,保温一定时间后,炉冷或空冷至室温的一种热处理工艺。

由于工件淬火后存在很大的内应力,易使工件发生变形甚至开裂,而且淬火后工件中的马氏体和残余奥氏体都是不稳定的组织,在室温下会发生分解,从而引起工件变形。因此,一般工件淬火后都要进行回火处理以消除内应力,提高韧性,获得稳定的组织和性能。

回火的加热温度在 Ac_1 以下,在回火的加热、保温过程中淬火马氏体和残余奥氏体都要发生分解和分解产物的聚集长大及再结晶。随着回火温度的升高,得到的回火组织依次为回火马氏体、回火屈氏体、回火索氏体。淬火钢的强度、硬度依次降低,韧性、塑性将逐渐升高,内应力也逐渐趋于消除。根据回火温度的不同,回火分为低温回火、中温回火、高温回火三种,其组织与性能特点如表 1 – 2 – 2 所示。

表 1 – 2 – 2　不同回火温度的组织与性能

类型	温度,℃	回火组织	HRC	性能特点	主要应用
低温回火	150 ~ 250	回火马氏体	62 ~ 65	高硬度、内应力和脆性降低	高碳工具钢
中温回火	350 ~ 500	回火屈氏体	35 ~ 45	硬度适中,具有高弹性	弹簧
高温回火	500 ~ 650	回火索氏体	20 ~ 33	有良好的综合性能	重要的结构件,如轴、齿轮等

回火时间应与回火温度结合起来考虑,一般来说,低温回火时,为了降低淬火内应力和稳定组织,所以回火时间要长一些,不少于 1.5 ~ 2h。高温回火时间一般在 0.5 ~ 1h。冷却方式

是空冷或随炉冷却。

3.碳钢的退火与正火

退火是将碳钢加热到临界点 Ac_1 或 Ac_3 以上 $30 \sim 50℃$，经过适当的保温后，缓慢随炉冷却至室温的一种热处理工艺。由于冷却是缓慢进行的，所以碳钢的退火组织是接近平衡状态的组织，基本符合铁碳状态图的组织。退火可以降低工件的硬度，以利于切削加工。

正火是把碳钢加热到临界点 Ac_1 或 Ac_{cm} 以上 $30 \sim 50℃$，经过适当的保温后，在空气中冷却至室温的一种热处理工艺。亚共析钢的正火组织为索氏体(细珠光体)和铁素体，共析钢的正火组织为索氏体，过共析钢的正火组织为索氏体和颗粒状渗碳体。正火可以细化晶粒，调整硬度，改善材料的切削加工性能。

由于正火比退火的冷却速度快，因此同一种材料的正火组织要比退火组织细小，硬度、强度也高。

碳钢的退火、正火的保温时间，可按工件每毫米厚度 $1.2 \sim 1.5min$ 估算。

三、实验内容及方法

(1)学生 3 人一组，每组领取三块 45 钢试样。确定 45 钢的淬火加热温度、保温时间、冷却介质等工艺参数。

(2)将试样放入热处理炉中加热。当温度控制器的保温指示(红灯)第一次闪亮时开始计算保温时间。

(3)保温时间一到，迅速取出试样，进行淬火处理。

(4)将试样表面的氧化皮用砂纸磨去，测出淬火后的硬度值(HRC)。

(5)每组三块试样分别放入 $180℃$、$400℃$、$600℃$ 的热处理炉中回火。回火时间到后，试样可在空气中冷却。

(6)测出回火后试样的 HRC 值，按表 1 – 2 – 3 作好记录。

表 1 – 2 – 3　热处理实验数据记录

钢号	热处理工艺			硬度(HRC)	
	淬火加热温度,℃	淬火介质	回火温度,℃	淬火后	回火后
45			180		
			400		
			600		

(7)利用金相显微镜观察、分析表 1 – 2 – 4 中几种材料经过热处理后的显微组织(非平衡组织)。

表 1 – 2 – 4　几种材料热处理后的组织

钢号	热处理工艺	浸蚀剂	组 织 状 况
45	淬火	4% 硝酸酒精溶液	
45	调质	4% 硝酸酒精溶液	
T10	球化退火	4% 硝酸酒精溶液	

钢号	热处理工艺	浸蚀剂	组 织 状 况
T12	淬火	4%硝酸酒精溶液	
20	淬火	4%硝酸酒精溶液	
20	渗碳	4%硝酸酒精溶液	

四、实验设备及材料

(1)箱式电炉。
(2)4X 金相显微镜。
(3)45 钢试样。
(4)淬火钳、水箱等。

五、思考题

分析在热处理工艺中加热温度、冷却速度等工艺参数对碳钢组织和性能的影响。

实验3　金属材料硬度的测定

一、实验目的

(1)了解布氏硬度计、洛氏硬度计的构造及使用方法;
(2)掌握硬度测定的原理和布氏硬度值、洛氏硬度值的测定方法。

二、实验内容

在了解硬度测定原理和掌握布氏硬度计、洛氏硬度计操作方法的基础上,对硬铝和黄铜试样测定布氏硬度,对两种淬火钢试样测定洛氏硬度。

三、实验原理

硬度是物质抵抗另一种较坚硬的具有一定形状和尺寸的物体压入其表面的能力。硬度和强度、伸长率等不同,它不是一个单纯的物理量,而是强度、韧性、弹性等一系列不同物理量的综合性能指标。硬度试验方法简单、操作方便、测量迅速,硬度值与其他机械性能(如强度)及某些工艺性能(如切削加工性能)都有一定的关系。因此,硬度试验被广泛应用于生产中的产品质量检验。目前,在测试硬度的方法中,最常用的是压入法,其中以布氏硬度和洛氏硬度应用最广。

1. 布氏硬度

布氏硬度的测定是将一个直径为 D 的球体(球体材料为淬火钢或硬质合金)在一定载荷 P 的作用下压入被测金属材料表面(图 1 - 3 - 1),保持一定时间后,卸除载荷,测量压痕直径 d,根据压痕直径计算出压痕的球形表面积。

布氏硬度值就是加在球体上的载荷 P 与球形压痕表面积 F 的比值。由球形压痕表面积计算公式推导得出布氏硬度计算公式:

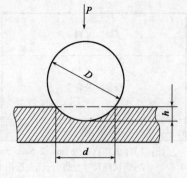

图 1 - 3 - 1　布氏硬度实验原理

$$HB = \frac{2P}{\pi D(D - \sqrt{D^2 - d^2})}$$

用硬质合金球压头所测的硬度值用 HBW 表示,用淬火钢球压头所测的硬度值用 HBS 表示,单位为 kgf/mm^2。其书写格式为 125HBS10/1000/30,它表示用直径为 10mm 的淬火钢球压头,加载 1000kgf(9.8kN),保持 30s(当载荷保持时间为 10 ~ 15s 时可不标注)测得的布氏硬度值 125(单位为 kgf/mm^2,一般情况下单位不标注)。

在进行材料的布氏硬度测试时,由于被测试工件材料和尺寸的原因,经常需要变换载荷和压头。为了得到统一的并可以相互比较的硬度值,通过实践证明必须使压头直径 D 和载荷 P 之间保持一定关系,以保证在不同载荷下所得到的压痕形状几何相似。由此得出了布氏硬度实验时必须严格遵守的相似条件,即当采用不同大小的载荷和不同直径的压头进行布氏硬度实验时,只要能满足:

$$\frac{P}{D^2} = K$$

则对同一种材料来说测得的硬度值是相同的,而对不同种材料来说测得的硬度值是可以比较的。

国家标准 GB/T 231.1—2018 规定了布氏硬度实验时 K 值的选择范围,如表 1 - 3 - 1 所示。例如,某一材料要求在 P 为 3000kgf、D 为 10mm 的规范下进行实验,但因工件的尺寸不足,必须更换较小直径的压头。为了满足 P/D^2 等于 30 的条件,可用 P 为 750kgf、D 为 5mm 的条件进行实验。布氏硬度实验规范如表 1 - 3 - 2 所示。

表 1 - 3 - 1　布氏硬度实验时 K 值的选择表

材　　料	布氏硬度 HB	K
钢、镍合金、钛合金		30
铸铁	< 140	10
	≥140	30
铜及铜合金	< 35	5
	35 ~ 200	10
	> 200	30

材　　料	布氏硬度 HB	K
轻金属及合金	<35	2.5
	35 ~ 80	5,10,15
	>80	10,15
铅、锡		1

注:(1)压头球直径为 1mm、2.5mm、5mm、10mm;
　　(2)当试样尺寸允许时,优先选用 10mm 压头进行实验。

表 1 - 3 - 2　布氏硬度实验规范

金属类型	布氏硬度范围 HB	试件厚度 mm	负荷 P 与压头 直径 D 的关系	压头直径 D,mm	负荷 P,kgf	载荷保持 时间,s
黑色金属	140 ~ 150	6 ~ 3 4 ~ 2 <2	$P = 30D^2$	10.0 5.0 2.5	3000 750 187.5	10
	<140	>6 6 ~ 3 <3	$P = 10D^2$	10.0 5.0 2.5	1000 250 62.5	10
有色金属	>130	6 ~ 3 4 ~ 2 <2	$P = 30D^2$	10.0 5.0 2.5	3000 750 187.5	30
	36 ~ 130	9 ~ 3 6 ~ 3 <5	$P = 10D^2$	10.0 5.0 2.5	1000 250 62.5	30
	8 ~ 36	>6 6 ~ 3 <3	$P = 2.5D^2$	10.0 5.0 2.5	250 62.5 15.6	60

　　应当注意的是压头直径 D 与压痕直径 d 保持在 $0.24D < d < 0.6D$ 时,实验结果有效。否则,应更换实验参数重做实验。

　　由于布氏硬度实验的压痕面积较大,能测量出试样较大范围内的性能,而不受材料内组织缺陷的影响,因此实验数据稳定、可靠,精度较高。

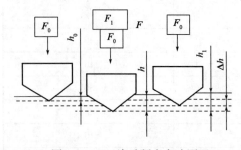

图 1 - 3 - 2　洛氏硬度实验原理

2. 洛氏硬度

　　洛氏硬度实验是目前应用最广的实验方法。它是在一定的载荷下,将一定形状和尺寸的金刚石角锥或淬火钢球压入被测材料表面,以压入深度的大小来计取硬度值。其实验原理如图 1 - 3 - 2 所示。

　　图 1 - 3 - 2 中,F_0 为初载荷,F_1 为主载荷,h_0 为

初载荷压入深度，h_1 为卸除主载荷 F_1 保留初载荷 F_0 时压入深度，洛氏硬度主要测量 $\Delta h = h_1 - h_0$ 的值。很显然，其压入深度（Δh）越大，说明材料对塑性变形的抗力越小，被测材料越软，硬度值也越小。洛氏硬度根据不同的压头和不同的主载荷，可组成不同的硬度表示方法，最常用的有 HRA、HRB、HRC 三种。

洛氏硬度值的计算方法如下：

$$HRC(HRA) = 100 - \frac{\Delta h}{0.002} = 100 - \frac{h_1 - h_0}{0.002}$$

$$HRB = 130 - \frac{\Delta h}{0.002} = 130 - \frac{h_1 - h_0}{0.002}$$

实验时，由洛氏硬度计的表盘可直接读出所测材料或工件的硬度值。

同样，洛氏硬度实验仍然有规范可循，如表 1 - 3 - 3 所示。

表 1 - 3 - 3　常用三种洛氏硬度实验规范

符号	压头类型	总载荷，kg	硬度值有效范围	应用范围
HRA	顶角为 120° 的金刚石角锥	60	65 ~ 85	碳化钨、硬质合金、渗碳层、硬的薄板等
HRB	ϕ1.588mm 的淬火钢球	100	25 ~ 100	碳钢、工具钢及合金钢等经过退火、正火处理，有色金属及合金等低硬度材料
HRC	顶角为 120° 的金刚石角锥	150	20 ~ 67	碳钢、工具钢及合金钢等经过淬火、回火、调质处理的试样

洛氏硬度表示方法比较简单，在 HR 前面的数字为硬度值，在 HR 后面的字母为使用标尺。例如，35.8HRC 表示用 C 标尺测定的洛氏硬度为 35.8。

洛氏硬度法使用、操作方便，硬度值在测试仪器表盘上可直接读出，测量时基本不破坏零件表面质量。因此，在工业生产中广泛用于半成品和成品的检验。但由于压痕小，对组织不均匀性材料非常敏感，测试结果比较分散，重复性差，因而其精度不如布氏硬度法高。

四、实验方法及步骤

1.布氏硬度实验方法及步骤

图 1 - 3 - 3 为布氏硬度计结构示意图。图中 a 为压头，b 为试样，c 为工作台，d 为丝杠，e 为手轮，f 为电动机，g 为载荷砝码，h 为支撑杆，i 为涡轮，j 为蜗杆。实验时，试样置于工作台上，载荷经杠杆放大后作用于压头并压入试样表

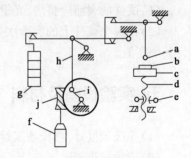

图 1 - 3 - 3　布氏硬度计结构示意图

面，保持一定时间后卸除载荷，测量所得压痕直径，查表求得布氏硬度值。其操作步骤如下：

（1）熟悉布氏硬度计的操作规程。

（2）根据试样厚度和估计硬度值范围，选择压头直径、载荷及保持时间。

（3）将选择的实验参数设置在硬度计上，使硬度计处于实验状态。

（4）将试样放在工作台上，顺时针转动工作台升降手轮，使压头与试样接触，直到手轮与升降丝杠产生相对滑动为止（此时试样承受 10kgf 初载荷）。

（5）启动前面板 START 键,硬度计自动完成加载、保荷、卸载过程。

（6）逆时针转动手轮,取下试样。

（7）用读数显微镜在两个相互垂直的方向上测出压痕直径 d_1、d_2,算出平均值 d:

$$d = \frac{1}{2}(d_1 + d_2)$$

（8）根据 d 值,查表求得 HBW(HBS)值。

注意事项:为了得到清晰的压痕轮廓,试样的表面应整洁、光滑,无氧化皮等污物,并具备一定的表面质量。

2. 洛氏硬度实验方法及步骤

洛氏硬度计的结构与布氏硬度计类似,也是由压头、工作台、杠杆、加荷机构、表盘、机身等组成。实验时,试样置于工作台上,载荷经杠杆放大后作用于压头并压入试样表面,保持一定时间后卸除载荷,在表盘上直接读出硬度值。其操作步骤如下:

（1）熟悉洛氏硬度计的操作规程。

（2）根据试样厚度和估计硬度值范围,选择标尺(HRA、HRB、HRC)。

（3）加初载荷。将试样放好后,顺时针转动手轮到表盘上的小指针指于红点,大指针垂直指向表盘上 B、C 处,为保证测量精度,其大指针偏移不得超过 ±5 格,否则,另选一点重新操作。

（4）对零。转动硬度计调整盘(表盘)使标记 B(实验 HRB 时)、C(实验 HRA、HRC 时)对准大指针。

（5）加主载荷。总载荷保留 10s,然后卸掉主载荷(保留初载荷)。

（6）读取硬度值。当实验 HRA 和 HRC 时,按刻度表盘外圈标记为 C 的黑字读数;当实验 HRB 时,按刻度表盘内圈标记为 B 的红字读数。

（7）逆时针转动手轮,降下载物台,取下试样。

注意事项:

（1）试件的表面应整洁、光滑,无氧化皮等污物。

（2）在每个试件上的实验次数不少于 3 次,应记录每次读数,取 3 次读数的算术平均值作为其硬度值。

五、实验设备及材料

（1）布氏硬度计,洛氏硬度计。

（2）读数显微镜。

（3）硬铝、黄铜及淬火钢试样若干。

六、实验报告要求

（1）简述布氏、洛氏硬度实验法的优缺点和各自的适用范围。

（2）设计实验表格,将实验数据填入表格并对结果进行分析和必要的换算。

（3）说明布氏硬度实验法的相似原理及其实际意义。

(1)布氏、洛氏硬度实验法可以相互替代吗？为什么？
(2)洛氏硬度实验中，HRA、HRB、HRC的值可以相互比较吗？为什么？

实验4 钢的晶粒度显示与评级方法

一、实验目的

(1)了解晶粒度的概念及其评级的相关标准；
(2)掌握晶粒度的显示与评级方法。

二、实验内容

本实验首先用晶界腐蚀法即经典化学腐蚀方法对制备的试样进行浸蚀，然后用比较法（将需要评级材料的金相试样在光学显微镜下放大100倍，并与标准晶粒度级别图相比较）来评定该试样的晶粒度级别。

三、实验原理

1.晶粒度的概念及其测定

晶粒度是表示晶粒大小的一种尺度。对钢来说，如不作特别的说明，晶粒度一般是指奥氏体化后的实际晶粒大小，即指钢材经过不同的热处理操作后冷却到室温下所得到的晶粒。钢的晶粒度对钢材的机械性能、工艺性能和热处理有着重大的影响。一般说来，粗晶粒钢有脆性较大、强度较低、热处理淬火时易发生形变甚至开裂等一系列的缺点，因此测定奥氏体晶粒度对钢，尤其是优质结构钢具有重要意义，晶粒度是表示材料性能的重要数据之一。

通常所测定的钢中奥氏体晶粒度有两种，即：

(1)奥氏体实际晶粒度——钢材经不同热处理后所得到的奥氏体晶粒度的实际大小。它的测定有助于对热处理等一些工艺过程进行控制，并可据此估计该钢材有关的机械性能。

(2)奥氏体本质晶粒度——将钢材加热到临界点 Ac_3 以上某一规定温度（930℃±10℃），并保温一定时间（一般3h，渗碳则需6h）后所具有的奥氏体晶粒大小。它表示了钢中奥氏体晶粒在规定温度下的长大倾向。

奥氏体晶粒度的测定包括两个步骤：

(1)奥氏体晶粒的显示。
(2)测定奥氏体晶粒大小并评级。

晶粒的显示是晶粒度测定的先行条件。对于原奥氏体晶界显示的研究已有很多,其方法有渗碳法、氧化法、晶界腐蚀法,或用铁素体或渗碳体网法来显示,但目前广泛采用的还是晶界腐蚀法即经典化学腐蚀方法。经典化学腐蚀方法主要是采用具有强烈选择性腐蚀倾向的腐蚀剂,使原奥氏体晶界变黑而基体组织不腐蚀或腐蚀轻微,从而显现奥氏体晶粒度。此法具有简单易行、不需要什么昂贵复杂的仪器设备等优点,关键在于采用适当的腐蚀剂及掌握正确的腐蚀操作工艺。

虽然经典化学腐蚀法操作方便,但到目前为止,尚无一套统一的、稳定而又可靠的腐蚀工艺规范。对于不同的钢种和处理条件,腐蚀剂的成分、腐蚀温度和腐蚀时间对原奥氏体晶粒能否显现影响较大;同时,腐蚀操作的经验非常重要,往往需要在实践中反复尝试、不断总结,才能得到满意的显示效果。

关于奥氏体晶粒大小的评测,在实际生产中,通常是将需要评级材料的金相试样在光学显微镜下放大 100 倍,并与标准晶粒度级别图相比较来评定(通常称为比较法),只有在精确测量时才使用弦计算法。标准晶粒度级别图如图 1-4-1 所示。

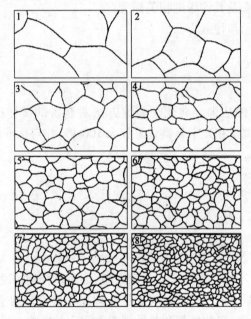

图 1-4-1　钢晶粒度等级(图中数字即等级,100×)

使用比较法测定晶粒度时,如果晶粒度用 N 表示,而在放大 100 倍条件下 $6.45\,\mathrm{cm}^2(1\mathrm{in}^2)$ 面积内的晶粒个数是 n,那么,它们之间的关系是

$$n = 2^{N-1}$$

在实际生产中晶粒度仅有单一级别的情况比较少,所以在记录或完成检验报告时经常用 $2\sim3$ 个晶粒度级别表示钢的晶粒度,如 $3\sim5$,$8\sim7$,但前一个级别是占主要比例的晶粒度。

2. 常用浸蚀剂的配制与使用

根据许多资料介绍以苦味酸为基的试剂是显示淬火、回火态原奥氏体晶界的良好试剂,对于大多数钢种均适用。例如《金相分析技术》(上海市机械制造工艺研究所,1987)中介绍:饱和苦味酸水溶液 + 洗净剂 + 微量酸中,对于不同钢种和不同热处理状态原奥氏体晶界的显示,只要适当改换微量酸的种类或调整微量酸的加入量即可获得良好的效果。根据该资料的介绍,列出常用浸蚀剂如表1-4-1所示。

表1-4-1 常用浸蚀剂

序　号	浸蚀剂配方
1	100mL 饱和苦味酸水溶液 + 10mL 洗净剂 + 6~10 滴盐酸
2	100mL 饱和苦味酸水溶液 + 10mL 洗净剂 + 6 滴硝酸
3	100mL 饱和苦味酸水溶液 + 10mL 洗净剂 + 5mL 磷酸
4	100mL 饱和苦味酸水溶液 + 10mL 洗净剂 + 6 滴硝酸 + 1g 柠檬酸
5	10g 三氯化铁 + 15mL 盐酸 + 50mL 酒精
6	50g 三氯化铁 + 150mL 酒精 + 100mL 水
7	100mL 饱和苦味酸水溶液 + 0.5%~1% 的烷基磺酸钠

注:配制浸蚀剂时,一般希望即配即用;若能用蒸馏水替代水效果更好。

使用浸蚀剂时,一般都采用浸蚀法,即将试样磨面垂直于液面浸入浸蚀液中;也可采用棉球擦拭法浸蚀。当有腐蚀产物附于试样表面时,可用酒精棉球擦洗或将浸蚀好的试样用NaOH 水溶液洗涤。与一般浸蚀操作一样,试样最后经清水冲洗,酒精棉球擦拭吹干。有时,有些试样需要反复浸蚀2~3 次,可使原奥氏体晶界更完整清晰。

四、实验方法及步骤

(1)参加实验的同学每3 人组成一个实验小组,按照金相试样的制备方法,每人制备出碳钢金相试样一块,用金相显微镜观察自己制备的试样,要求试样在显微镜下观察无磨痕、原奥氏体晶界清晰。

(2)将自己所制备的金相试样在金相显微镜下放大100 倍,并与标准晶粒度级别图相比较来评定该试样晶粒度级别。

(3)绘出相应试样的晶粒度示意图。

五、实验设备及材料

(1)4X 金相显微镜、P-1 型金相试样抛光机、吹风机等制样设备。

(2)金相砂纸一套、金刚石抛光剂、无水酒精等。

(3)配制表1-4-1 所列常用浸蚀剂的相关材料若干。

(4)不同热处理状态的常用碳钢试样若干组(每组为退火、淬火、淬火+回火3 个试样)。

(5)GB/T 6394—2017《金属平均晶粒度测定方法》和标准晶粒度级别图表。

六、实验报告要求

(1)写出实验目的、实验设备及材料。

(2)绘出相应试样的晶粒度示意图,标明材料名称、热处理状态、放大倍数、所用浸蚀剂等实验条件。

(3)简答思考题。

(1)奥氏体实际晶粒度和本质晶粒度的主要差别是什么？
(2)简述测定奥氏体实际晶粒度的意义。

实验5 金属材料冲击韧性的测定

一、实验目的

(1)了解冲击韧性的概念；
(2)掌握在常温下金属材料冲击韧性的测定方法。

二、实验内容

在了解冲击韧性的概念和冲击试验机的基本结构后,测定两种材料的冲击韧性,比较其抗冲击能力和断口的差异。

三、实验原理

一些金属材料或零件在使用过程中,要承受速度很快的冲击载荷的作用,如火车对铁轨的冲击、锻锤对铁砧的冲击、凸凹模具间的冲击等。如果选用的材料韧性较差,可能发生突然失效,造成无法估计的损失。因此通过冲击实验的方法来测定金属材料承受冲击载荷的能力,无疑对产品的设计计算以及对金属材料进行评价均有重要的意义。

1.冲击韧性的概念及意义

金属材料的冲击韧性是指该材料在冲击载荷作用下,产生塑性变形和断裂过程中吸收能量的能力,一般用 α_K 表示。长期实践证明,冲击韧性能够灵敏地反映出材料品质、宏观缺陷和显微组织方面的微小变化,因而是工业生产中检验半成品及成品的有效方法之一。

2.冲击韧性的测定原理

测定材料的冲击韧性时,将材料制成标准试样,置于摆锤式冲击试验机上进行并用折断试样的冲击吸收功来计算,其实验原理如图 1-5-1 所示。

实验时,将试样放在试验机支座上,使之处于简支梁状态。先将摆锤提升到 A 位置,其预仰角为 α,释放摆锤、冲断试样后,摆锤扬起到 C 位置,其仰角为 β,H 为冲击试样前摆锤扬起的最大高度。

设摆锤在 A 位置时所具有的能量为 E_A,则有

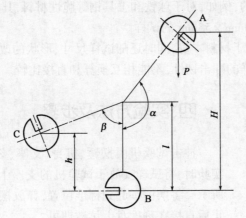

图 1-5-1 冲击试验原理图

$$E_A = Ph = Pl(1 - \cos\alpha)$$

式中,P 为摆锤的重力;l 为摆锤旋转轴到摆心的距离;h 为摆锤冲断试样后升起的高度。

试样冲断后,摆锤扬起到 C 处,其能量为 E_C,即

$$E_C = Ph = Pl(1 - \cos\beta)$$

如果忽略空气阻力等引起的各种能量损失,则冲断试样所消耗的能量(即试样的冲击吸收功)为

$$A_K = Pl(\cos\beta - \cos\alpha)$$

A_K 的具体数值可根据 β 的大小直接从冲击试验机的表盘上读出,其单位为 J。将冲击吸收功 A_K 除以试样缺口底部的横截面积 S_N,就得到材料的冲击韧性 α_K,即

$$\alpha_K = A_K/S_N$$

α_K 的单位通常为 J/cm²。

金属夏比 U 形缺口和 V 形缺口试样的冲击吸收功分别用 A_{KU} 和 A_{KV} 表示,它们的冲击韧性值分别用 α_{KU} 和 α_{KV} 表示。

3. 冲击试样

国家标准 GB/T 229—2007 规定冲击试验用标准试样是夏比 U 形缺口和 V 形缺口试样,分别称为梅氏试样和夏氏试样,其尺寸和表面质量要求如图 1-5-2 所示。

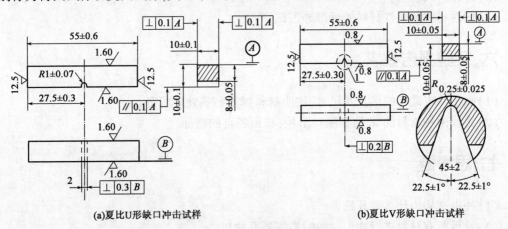

(a)夏比U形缺口冲击试样   (b)夏比V形缺口冲击试样

图 1-5-2 冲击试验标准试样

另外,为了特殊的目的,例如,对于球铁和工具钢等脆性材料,其冲击韧性的测量常采用不带缺口、尺寸为 10mm×10mm×55mm 的试样。

α_K 值的大小不仅取决于材料本身,同时还随试样尺寸、形状的改变而在很大范围内变化。因此,不同类型和尺寸试样的冲击韧性,不能相互换算和直接比较。

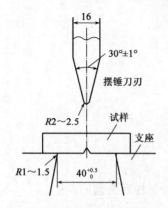

图 1 - 5 - 3　冲击试样的安放

四、实验方法及步骤

冲击试验机由摆锤、机身、支座、刻度盘、指针等部分组成。实验时,将试样安放于试验机的支座上,安放位置如图 1 - 5 - 3 所示。将摆锤举起到标准位置,释放摆锤将试样冲断,等摆锤静止后直接在刻度盘上读数即可。

但要特别强调的是:在摆锤摆动范围内,不得有任何人员活动或放置障碍物,以确保安全。

实验步骤如下:

(1)检查冲击试样是否符合标准。用游标卡尺测量试样缺口处的横截面尺寸,并记录测量数据。

(2)空打实验。接通电源,开机空运转一次,检查设备是否正常,如不计摩擦及空气阻力的影响,空击后刻度盘上指针应指零点。

(3)安装冲击试样。试样缺口应背向摆锤的刀口,并靠紧钳口,用找正样板使试样处于支座的中心位置。

(4)取摆。按动"取摆"按钮,使摆锤扬至最高位置。

(5)冲击。按动"冲击"按钮,实现落摆冲击。

(6)读数。读出刻度盘上冲击功值,并记录。

(7)切断电源。实验完毕后,将摆锤放至铅垂位置,切断电源。

五、实验设备及材料

(1)冲击试验机。

(2)游标卡尺。

(3)韧性材料和脆性材料的标准冲击试样若干。

六、实验报告要求

(1)画出冲击试样的形状及尺寸,注明材料牌号和热处理状态。

(2)比较两种材料的 α_K 值和断口形貌,指出各自的特征。

七、思考题

(1)冲击试样为什么要开缺口?

(2)是否所有材料进行冲击试验时均需要开缺口?

实验6　金属材料热学性能的测试

一、实验目的

(1)掌握一种金属材料线膨胀系数的测试方法,并对不同金属材料的线膨胀系数进行测试和分析;

(2)掌握测量铂电阻温度系数的方法,测量金属铂在不同温度的电阻值,分析金属铂的电阻温度系数。

二、实验内容

用 YJ－RZ－4A 数字智能化热学综合实验仪测试金属的线膨胀系数和电阻温度系数,分析金属材料的性能随温度的变化关系,掌握实验原理及仪器的使用方法。

三、实验原理

1. 不同金属线膨胀系数的测量实验原理

绝大多数物质都具有"热胀冷缩"的特性,这是由于物体内部分子热运动加剧或减弱造成的。这个性质在工程结构的设计中、在机械和仪器的制造中、在材料的加工(如焊接)中,都应考虑到。否则,将影响结构的稳定性和仪表的精度。考虑失当,甚至会造成工程的损毁、仪器的失灵以及加工焊接中的缺陷和失败等。

金属线膨胀系数测量实验装置为 YJ－RZ－4A 数字智能化热学综合实验仪,金属线膨胀系数测量实验装置如图1－6－1所示。

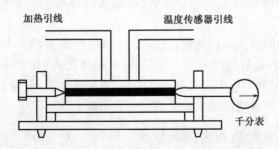

图1－6－1　金属线膨胀系数测量实验装置

材料的线膨胀是指材料受热膨胀时,在一维方向的伸长。线膨胀系数是选用材料的一项重要指标。特别是研制新材料,少不了要对材料线膨胀系数做测定。

固体受热后在其长度尺寸方向上的增加称为线膨胀。经验表明,在一定温度范围内,原长为 L 的物体,受热后的伸长量 ΔL 与其温度的增加量 ΔT 近似成正比,与原长 L 也成正比,即

$$\Delta L = \alpha L \Delta T \qquad (1-6-1)$$

式中,α 为固体的线膨胀系数(简称线胀系数)。大量实验表明,不同材料的线胀系数不同,塑料的线胀系数最大,金属次之,殷钢、熔融石英的线胀系数很小(表 1-6-1)。殷钢和石英的这一特性在精密测量仪器中有较多的应用。

表 1-6-1 几种材料的线胀系数

材料	铜、铁、铝	普通玻璃、陶瓷	钢	混凝土
数量级	1.71×10^{-5}	$(4 \sim 10) \times 10^{-6}$	1.10×10^{-5}	$(6.8 \sim 12.7) \times 10^{-6}$

实验还发现,同一材料在不同温度区域,其线胀系数不一定相同。某些合金,在金相组织发生变化的温度附近,同时会出现线胀系数的突变。因此测定线胀系数也是了解材料特性的一种手段。但是,在温度变化不大的范围内,线胀系数仍可认为是一常量。

计算线膨胀百分率的方法如式(1-6-2)所示:

$$\delta = \frac{\Delta L_t - K_t}{L} \times 100 \qquad (1-6-2)$$

式中　δ——线膨胀百分率;

　　　　ΔL_t——试样加热至温度 t 时测得的线变量即记录值,μm;

　　　　K_t——测试系统在温度为 t 时的补偿值,μm;

　　　　L——试样室温时的长度,μm。

计算平均线膨胀系数方法如公式(1-6-3)所示:

$$\alpha = \frac{\Delta L_t - K_t}{L(T - T_t)} \qquad (1-6-3)$$

式中　α——未知样品在温度为 T_t 时的平均线膨胀系数,℃^{-1};

　　　　L——未知样品室温长度,μm;

　　　　T——未加热的温度,即室温,℃;

　　　　T_t——加热后的温度,℃。

α 的物理意义是固体材料在 (T, T_t) 温区内,温度每升高 1℃ 时材料的相对伸长量,其单位为 ℃^{-1}。

测线胀系数的主要问题是如何测伸长量 L。先粗估算出 L 的大小,若 $L \approx 250mm$,温度变化 $T - T_t \approx 100℃$,金属的 α 数量级为 10^{-6}℃^{-1},则可估算出 $L \approx 0.25mm$。对于这么微小的伸长量,用普通量具如钢尺或游标卡尺是测不准的,可采用千分表(分度值为 $0.001mm$)、读数显微镜、光杆放大法、光学干涉法。本实验采用千分表测微小的线胀量。

2. 金属电阻温度系数的测定实验原理

电阻的温度系数是指温度每升高 1℃,电阻增大的百分数。例如,铂的温度系数是 $0.00374/℃$,它是一个百分数。在 20℃ 时,一个 1000Ω 的铂电阻,当温度升高到 21℃ 时,它的电阻将变为 1003.74Ω。实际上,在电工书上给出的是"电阻率温度系数",因为一段电阻

线的电阻由四个因素决定:电阻线的长度、电阻线的横截面积、材料、温度。前三个因素是自身因素,第四个因素是外界因素。电阻率温度系数就是表示这第四个因素作用的大小。

实验证明,绝大多数金属材料的电阻率温度系数都约等于千分之四左右,少数金属材料的电阻率温度系数极小,就成为制造精密电阻的选材,例如康铜、锰铜等。

四、实验方法及步骤

1. 不同金属线膨胀系数的测量实验方法及步骤

1)开机

(1)如图1-6-1、图1-6-2所示,卸下三个下盘支撑螺钉,安装好实验装置,连接好电缆线,打开电源开关,"测量选择"开关旋至"温度设定"挡,调节"设定温度粗选"和"设定温度细选"钮,选择设定加热盘为所需的温度(如50.0℃)值。

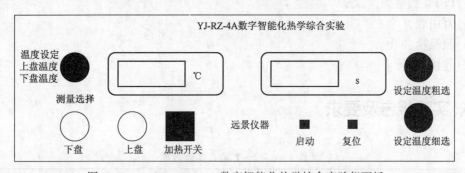

图1-6-2　YJ-RZ-4A数字智能化热学综合实验仪面板

(2)将"测量选择"开关拨向"上盘温度"挡,打开加热开关,观察加热盘温度的变化,直至加热盘温度恒定在设定温度(50.0℃)。

2)测量

当加热盘温度恒定在设定温度50.0℃,读出千分表数值L,当温度分别为55.0℃、60.0℃、65.0℃、70.0℃、75.0℃、80.0℃、85.0℃、90.0℃、95.0℃时,分别记下千分表读数L_1、L_2、L_3、L_4、L_5、L_6、L_7、L_8、L_9、L_{10}。

3)计算

用逐差法求出5℃时金属棒的平均伸长量,由式(1-6-3)即可求出金属棒在(50℃,95℃)温区内的线膨胀系数。

2. 金属电阻温度系数的测定实验方法及步骤

按照图1-6-3所示进行仪器连接。

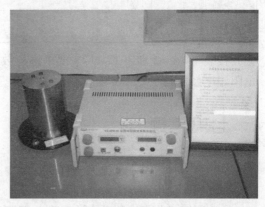

图1-6-3　金属电阻温度系数测定示意图

(1)将 YJ – RZ – 4A 实验仪的"电缆"座通过电缆与恒温箱连接。将实验仪左侧开关置于设定,选择所需温度点,调节温度粗选、细选使到达合适位置。然后按下开关置于"测量"。打开加热开关,观察仪器显示至选定温度并稳定下来后,将 Pt100 铂电阻插入恒温箱中,等待铂电阻升温结束,把信号接入实验仪的输入端,得到选定温度 Pt100 的电阻值。

(2)重复以上步骤,分别测量设定温度为 60℃、70℃、80℃、90℃、100℃时 Pt100 的电阻值。根据所记录的数据,绘出电阻—温度($R—T$)曲线。并在曲线上选取不同两点,计算电阻的温度系数。

五、实验设备及材料

(1)YJ – RZ – 4A 数字智能化热学综合实验仪,1 台;
(2)不同金属试样,各 1 个;
(3)千分表,1 个;
(4)Pt100 热电偶,1 支;
(5)万用表,1 个;
(6)恒温箱,1 个;
(7)连接线,若干。

六、实验报告及要求

表 1 – 6 – 2　T 和 L 实验数据

T,℃	50	55	60	65	70	75	80	85	90	95
L,μm										

表 1 – 6 – 3　T 和 R 实验数据

T,℃	60	65	70	75	80	85	90	95	100
R,Ω									

按表 1 – 6 – 2 和表 1 – 6 – 3 要求进行数据记录,计算两种金属材料的线膨胀系数及铂的电阻温度系数。

七、思考题

(1)该实验的误差来源主要有哪些?
(2)如何利用逐差法来处理数据?
(3)利用千分表读数时应注意哪些问题,如何消除误差?

实验7　差热分析实验

一、实验目的

(1)掌握差热分析的基本原理、测量技术以及影响测量准确性的因素;

(2)学会差热分析仪的操作,并测定 KNO_3 的差热曲线;

(3)掌握差热曲线的定量和定性处理方法,解释用仪器做出的实验结果。

二、实验内容

(1)镍—镉热电偶差热测量温度范围为 $0 \sim 280.5\ ^\circ\text{C}$(实验所定),根据差热曲线,定性说明锡和 KNO_3 的差热图,指出峰的位置、数目、指示温度及所表示的意义。

(2)计算 KNO_3 的热效应原理,根据公式:

$$\Delta H = \frac{C}{m}\int_a^b \Delta T \mathrm{d}t \qquad\qquad (1-7-1)$$

式中,C 为常数,与仪器特性及测量条件有关;m 为样品质量;$\int_a^b \Delta T \mathrm{d}t$ 为差热峰面积,可利用三角形法、剪纸称量法计算。本实验中采取测量质量一定且已知热效应的物质(锡)作为参比,根据锡差热峰的面积求出常数 C,然后再计算 KNO_3 的热效应。

三、实验原理

1. 差热分析的原理

在物质匀速加热或冷却的过程中,当达到特定温度时会发生物理或化学变化。在变化过程中,往往伴随有吸热或放热现象,这样就改变了物质原有的升温或降温速率。差热分析就是利用这一特点,通过测定样品与一对热稳定的参比物之间的温度差与时间的关系,来获得有关热力学或热动力学的信息。

目前常用的差热分析仪是将试样与具有较高热稳定性的差比物(如 $\alpha - Al_2O_3$)分别放入两个小的坩埚,置于加热炉中升温。如在升温过程中试样没有热效应,则试样与差比物之间的温度差 ΔT 为零;而如果试样在某温度下有热效应,则试样温度上升的速率会发生变化,与参比物相比会产生温度差 ΔT。把 T 和 ΔT 转变为电信号,放大后用 X—Y 记录仪记录下来,分别对时间作图,得 ΔT—t 和 T—t 两条曲线。

图 $1-7-1$ 所示的是理想状况下的差热曲线。图中 ab、de、gh 分别对应于试样与参比物没有温度差时的情况,称为基线,而 bcd 和 efg 分别为差热峰。差热曲线中峰的数目、位置、方向、高度、宽度和面积等均具有一定的意义。比如,峰的数目表示在测温范围内试样发生变化的次数;峰的位置对应于试样发生变化的温度;峰的方向则指示变化是吸热还是放热;峰的面积表示热效应的大小等。因此,根据差热曲线的情况就可以对试样进行具体分析,得出有关信息。

在峰面积的测量中,峰前后基线在一条直线上时,可以按照三角形的方法求算面积。但是更多的时候,基线并不一定和时间轴平行,峰前后的基线也不一定在同一直线上(图1-7-2)。此时可以按照作切线的方法确定峰的起点、终点和峰面积。另外,还可以采取剪下峰称重,以重量代替面积(即剪纸称量法)。

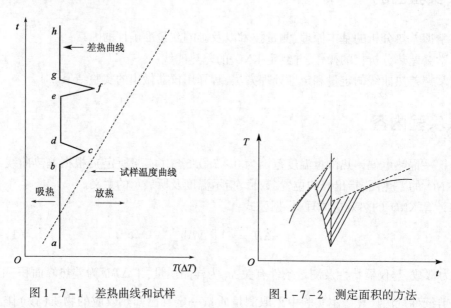

图1-7-1 差热曲线和试样   图1-7-2 测定面积的方法

2.影响差热分析的因素

差热分析是一种动态分析技术,影响差热分析结果的因素较多,主要有:

(1)升温速率:升温速率对差热曲线有重大影响,常常影响峰的形状、分辨率和峰所对应的温度值。比如当升温速率较低时基线漂移较小,分辨率较高,可分辨距离很近的峰,但测定时间相对较长;而升温速率高时,基线漂移严重,分辨率较低,但测试时间较短。

(2)试样:样品的颗粒一般大约在200目左右,用量则与热效应和峰间距有关。样品粒度的大小、用量的多少都对分析有着很大的影响,甚至连装样的均匀性也会影响到实验的结果。

(3)稀释剂的影响:稀释剂是指在试样中加入一种与试样不发生任何反应的惰性物质,常常是参比物质。稀释剂的加入使样品与参比物的热容相近,能有助于改善基线的稳定性,提高检出灵敏度,但同时也会降低峰的面积。

(4)气氛与压力:许多测定结果受加热炉中气氛及压力的影响较大,如 $CaC_2O_4 \cdot H_2O$ 在氮气和空气气氛下分解时曲线是不同的。在氮气气氛下 $CaC_2O_4 \cdot H_2O$ 第二步热解时会分解出 CO 气体,产生吸热峰,而在空气气氛下热解时放出的 CO 会被氧化,同时放出热量呈现放热峰。

除了以上因素外,走纸速率、差热量程等均对差热曲线有一定的影响。因此在运用差热分析方法研究体系时,必须认真查阅文献,审阅体系,找出合适的实验条件方可进行测试。

本实验使用的 PCR - 1 型差热仪属于中温、微量型差热仪,主要有温控系统、差热系统、试样测温系统和记录系统四部分,其控制面板如图 1 - 7 - 3 所示。

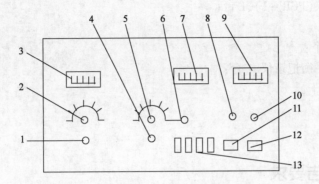

图 1 - 7 - 3 PCR - 1 型差热仪面板图

1—调零旋钮;2—量程开关;3—差热指示表头;4—偏差调零旋钮;5—升温选择开关;

6—快速微动开关;7—偏差指示表头;8—加热指示灯;

9—输出电压表头;10—电源指示灯;11—加热开关;

12—电源开关;13—程序功能开关

四、实验方法及步骤

(1)打开仪器电源,预热 20min。先在两个小坩埚内分别准确称取纯锡和 α - Al_2O_3 各 5mg。升起加热炉,逆时针方向旋转到左侧。用热源靠近差热电偶的任意一热偶板,若差热笔向右移动,则该端为参比热电偶板,反之,为试样板。用镊子小心将样品放在样品托盘上,参比放在参比托盘上,降下加热炉(注意在欲放下加热炉的时候,务必先把炉体转回原处,然后才能放下炉子,否则会弄断样品架)。

(2)打开差热仪主机开关,接通冷却水,控制水的流量约在 300mL/min。

(3)打开平衡记录仪开关,分别将差热笔和温度笔量程置于 20mV 和 10mV 上,走纸速率置于 30mm/min 量程。调节差热仪主机上差热量程为 250℃。

(4)将升温速率旋在 0 刻度,用调零旋钮将温度笔置于差热图纸的最右端,差热笔置于中间,将升温速率旋至 10℃/min,放下绘图笔转换开关。

(5)按下加热开关,同时注意升温速率指零旋钮左偏(不左偏时不能进行升温,需停机检查)。按下电炉开关,进行加热,仪器自动记录。

(6)等到绘图纸上出现一个完整的差热峰时,关闭电炉开关。按下程序零旋钮和电位差计的开关,旋起加热炉,用镊子取下坩埚。将加热炉冷却降温至 70℃ 以下,将预先称好的 α - Al_2O_3 和 KNO_3 试样分别放在样品保持架的两个小托盘上,在与锡相同的条件下升温加热,直至出现两个差热峰为止。

(7)按照上述步骤,每个样品测定差热曲线两次。

(8)实验结束后,抬起记录笔,关闭记录仪电源开关、加热开关,按下程序功能"0"键,关闭电源开关,升起炉子,取出样品,关闭水源和电源。

五、实验设备及材料

(1)差热分析仪(PCR - 1),1 台;
(2)镊子,1 把;
(3)铝坩埚,8 个;
(4)台式自动平衡记录仪,1 台;
(5)氧化铝,若干;
(6)Sn,若干;
(7)KNO₃,若干。

六、实验报告要求

(1)在本实验条件下,差热测量温度范围为 0 ~280.5℃(实验所用为镍—镉热电偶),根据差热曲线,定性说明锡和 KNO_3 的差热图,指出峰的位置、数目、指示温度及所表示的意义。

(2)根据公式(1 - 7 - 1)计算 KNO_3 的热效应。

(3)参考数据:锡的熔点为231.928 ℃;锡的熔化热为59.36J/g;KNO_3 相变点为128 ~129 ℃,转化热为55.2 ~57.48J/g,熔点为336 ~338 ℃,熔化热为105.75 ~115.79J/g。

七、思考题

(1)影响本实验差热分析的主要因素有哪些?
(2)为什么差热峰的指示温度往往不恰巧等于物质能发生相变的温度?
(3)本实验中为什么差热笔要放在绘图纸的中间?

实验 8 金属腐蚀综合实验

一、实验目的

(1)掌握测定金属腐蚀电位及极化曲线的方法;
(2)了解影响金属腐蚀速度的因素。

二、实验原理

金属腐蚀按腐蚀机理可分为化学腐蚀、电化学腐蚀两类。本实验仅对电化学腐蚀行为进行研究。电化学腐蚀是指金属表面与电解质溶液发生电化学反应而引起的破坏。其特点是反应过程中金属构成电极,整个系统有阳极失去电子、阴极获得电子及电子流动的产生。电化学腐蚀服从电化学动力学的基本规律。

当金属浸入电解质溶液时,由于水分子极性的静电作用,或由于金属电子的吸附作用,在两相界面的两侧将形成由电子层与正离子层组成的双电层。由于双电层的存在而产生的电位差称为金属—溶液体系的电极电位。不同的金属在不同的溶液体系中有不同的电极电位。

至今还没有可靠的方法可以测定金属电极电位的绝对值,但可以求其相对值。通常是指定某一电位稳定的电极为基准电极也称为参比电极或参考电极,人为规定其电位值;再把它与被研究电极组成原电池;测定出原电池的电动势,则被研究电极的电极电位就被测出。通常采用的参比电极是标准氢电极,但在实际工作中常常采用更方便、更结实的参比电极,如甘汞电极、银—氯化银电极等。

实际上,金属大多是含有杂质的或者以合金的形态存在。因此,金属浸入电解质溶液后,其界面不是存在单一电极而是存在着几个电极,测得的电位也是其混合值,金属与电解质溶液接触一定时间后,达到的稳定电位值称为该金属在该电解质溶液中的腐蚀电位或自然腐蚀电位,又称为开路电位或混合电位。腐蚀电位决定于金属材料的成分、金相组织结构、表面状态以及电解质溶液的成分、浓度、温度和 pH 值等。

腐蚀电位的大小与金属腐蚀速度之间没有简单的对应关系,但其可以大致指出金属的耐腐蚀性。腐蚀电位越负,金属被介质腐蚀的趋势越大;反之,腐蚀电位越正,金属在该介质中越稳定,受腐蚀倾向越小,特别是腐蚀电位随时间变化的 E_K—t 曲线常常能说明金属表面保护膜的形成过程和稳定性,以及腐蚀速度是否恒定、是否出现局部腐蚀等。所以测定腐蚀电位及 E_K—t 曲线对于研究腐蚀机理和控制过程有很大意义。

金属腐蚀电位越负,腐蚀倾向越大,但腐蚀的可能性大,并不等于腐蚀速度大,因为腐蚀速度的大小除与金属腐蚀电位有关外,还与金属极化现象有关。

极化作用实际上是环境因素对腐蚀电池反应的阻碍作用,原电池的极化是指原电池两极接通后,由于两极间有电流通过,而同时引起阳极电位向负电位方向移动(阳极极化),与阴极电位向正电位方向移动(阴极极化),两极电位差减小,原电池电流强度减小,腐蚀速度也随之减缓的现象。

外加电流可加剧原电池的极化,给一金属电极通以阳极电流,则金属电极的电流强度 I 与其相对应的电极电位 E 之间的变化关系曲线(E—I 曲线),或表示为 E—$\lg I$ 曲线,称为极化曲线,如图 1-8-1、图 1-8-2 所示。图中 I_c 为阴极外加电流,I_a 为阳极外加电流。根据极化时金属电极电位与电流强度的关系,可以把极化曲线分为三个区域:微极化区、弱极化区、强极化区。在微极化区,施加的是微量级极化电流,ΔE 很小时(约 ±10mV),E—I 极化曲线呈线性关系,故此区又称为线性极化区,直线的斜率称为极化电阻 R_P。

$$R_P = \frac{\Delta E}{\Delta I}$$

$$I_K = \frac{b_a \cdot b_c}{20303(b_a + b_c)} \cdot \frac{1}{R_P}$$

式中 b_a、b_c——阳极和阴极过程的 Tafel 常数;

      I_K——金属自腐蚀电流,A/cm^2。

此式为线性极化方程式,也称 Stern-Geary 方程式,它表明金属的腐蚀速度与其极化阻力成反比,通过比较 R_P 可以定性地判断腐蚀体系的耐腐蚀性能。R_P 越大,耐腐蚀性越强,腐蚀速度越慢。

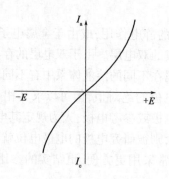

图 1-8-1　E—I 曲线

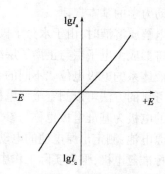

图 1-8-2　E—$\lg I$ 曲线

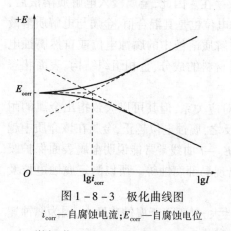

图 1-8-3　极化曲线图

i_{corr}—自腐蚀电流；E_{corr}—自腐蚀电位

强极化区也称塔菲尔（Tafel）区，此强极化区外加极化电势 ΔE 较大（$\Delta E > \dfrac{100}{n}$），$E_K$—$\lg I$ 呈直线关系，可用强极化曲线相交法测定腐蚀速度和 Tafel 常数，如图 1-8-3 所示。

强极化区阴、阳极极化曲线的直线斜率即 b_c、b_a，两直线延长线相交点坐标为（E_K，$\lg I_K$）。通过比较 I_K 值大小，可定性判断腐蚀体系的大小，I_K 越大，则该体系腐蚀速度越高，耐腐蚀性越差，强极化测试法是一种经典的腐蚀速度测试法，较为简单。但因其测试时间长，对被测试金属表面状态影响大，测试精度较差。

微极化区由于 ΔE 小，相应的 ΔI 也小，因此测试条件苛刻，对测试仪器的要求高。强极化区外加 ΔE 较大，会破坏电极表面状态，故极化值介于两者之间的弱极化区的测试技术发展很快。其测试结果未对金属腐蚀动力学方程式做任何近似处理，极化电位范围也较为适中。因此理论上说该区测试所得的腐蚀速度接近于实际腐蚀情况。

测出外加电流的金属腐蚀极化曲线，再对其进行分析、比较，将有助于了解金属腐蚀规律和机理、计算腐蚀速度、了解金属表面有无钝化现象，以及探讨腐蚀控制的途径等。因此，极化曲线是研究金属腐蚀与防护的重要工具。

三、实验方法及步骤

1. 准备工作

（1）用 400# 砂纸对三种试样的表面打磨除锈；

（2）用量尺测量试片尺寸并记录；

（3）用天平称量 NaCl，用量杯测量蒸馏水配置 3.5% 的 NaCl 溶液 600mL，置于烧杯待用；

（4）用 KCl 及蒸馏水配置过饱和的 KCl 置于另一烧杯；

（5）给测定瓶中灌入蒸馏水 600mL；

（6）按图 1-8-4 所示放置参比电极及 1Cr13 试样研究电极，并将各电极与电化学测量系统的对应电极输入线连接；

(7)黄/绿双线接研究电极,红线接铂电极,蓝线接参比电极,如图1-8-4所示。

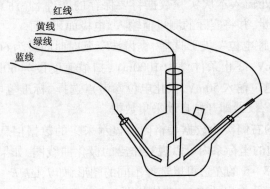

图1-8-4　三电极接线图

2.电化学测量系统的启动

(1)将仪器电源与220V交流电源连接,仪器正面面板上的电源开关处于自然弹起状态(即仪器处于关闭状态);

(2)将仪器背面引出的USB线和计算机相连,这时仪器和计算机系统处于连接状态,但仪器并未工作。

3.电化学测量系统软件的启动及使用

(1)打开计算机,运行WINDOWS XP系统,在桌面上双击"中腐PS-268A"的图标,运行PS-268A电化学腐蚀测量系统。

(2)启动PS-268A系统后,计算机屏幕上将出现如图1-8-5所示的操作界面。

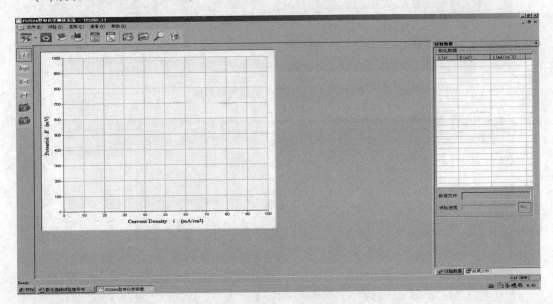

图1-8-5　电化学腐蚀系统界面

(3)压下电化学测量仪面板上的黄色按钮,这时电化学测量仪器进入工作状态,用鼠标左键单击文件下拉菜单,系统进入"自定义试验",弹出图1-8-6所示的对话框,对实验参数进行设置。

（4）在"数据文件"处输入本次实验数据将要保存的文件名（注意不要更改文件的扩展名），对电极面积进行测量，并将实际的测量值输入"电极面积"框。

（5）控制方式选择"控电位"，波形选择"锯齿波"，延时时间设为60s，采样周期设为5s，起始电位 E_1 先设为 -900mV，终止条件设为 1000mV，扫描速度设为 60mV/min，终止条件选择"指定终止电位"，终止电位输入 50mV，极化电位参考点选择"标准氢电极电位"，极化周期数设为1，单击"开始试验"，仪器即开始自动采集数据。

（6）在图 $1-8-5$ 的右侧实验数据表格内会显示采集的数据信息，数据下面会显示试验的进度和数据文件，左边的坐标系内可以观察作出的极化曲线图，如果作出的图形不对，可以随时终止试验，在图 $1-8-5$ 的左边可以选择不同的图形，如 $I, \lg I, E-t, I-t$ 曲线等。

（7）采集信息的窗口及作出的 $E-I$ 曲线如图 $1-8-7$ 所示，$E-\lg I$ 曲线如图 $1-8-8$ 所示，$E-t$ 曲线如图 $1-8-9$ 所示，$I-t$ 曲线如图 $1-8-10$ 所示。

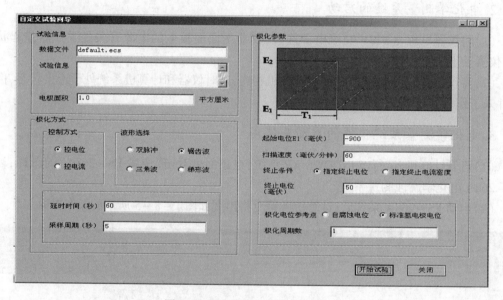

图 $1-8-6$　自定义试验向导界面

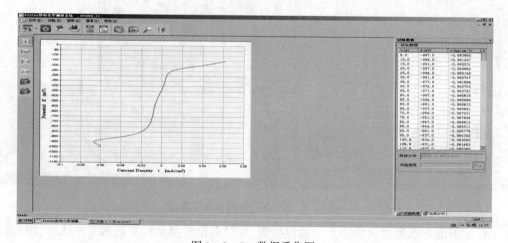

图 $1-8-7$　数据采集图

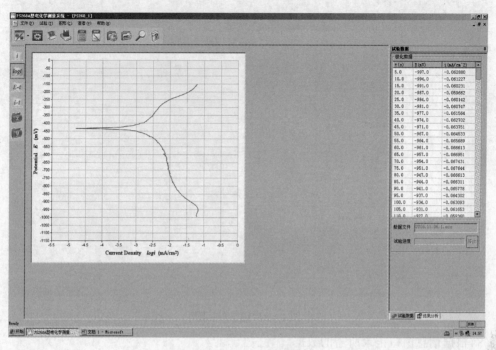

图 1 - 8 - 8　极化曲线图

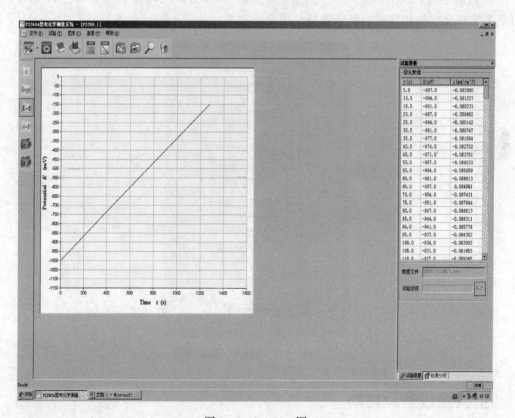

图 1 - 8 - 9　E—t 图

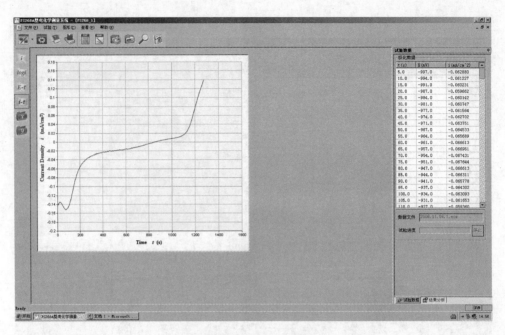

图 1 – 8 – 10　I—t 图

（8）根据信息窗口记录所需的数据。

（9）试验结束后点击图 1 – 8 – 5 所示右下角的"结果分析"，即弹出图 1 – 8 – 11 所示的对话框，并求极化曲线相交时的各项参数并记录。

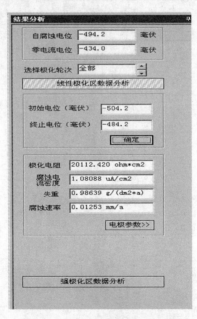

图 1 – 8 – 11　强极化区数据分析

四、实验设备及材料

（1）电化学测量系统（PS – 268A 型），1 台；

（2）计算机,1台;

（3）三电极系统[工作电极;参比电极(甘汞电极);辅助电极(铂电极)],1套;

（4）20钢试样(15mm×15mm),1个;

（5）X60试样(14mm×14mm),1个;

（6）1Cr13试样(ϕ16mm),1个;

（7）NaCl、KCl、蒸馏水、丙酮、锡焊工具、焊锡、焊锡膏、工具胶、树脂、电线等,若干;量尺、天平秤、量杯、烧杯、砂纸等。

五、实验报告要求

（1）按表1-8-1填写数据;

（2）绘出E—I曲线;

（3）绘出E—$\lg I$曲线,并在图上标出(E_{I_0},$\lg I_0$)点;

（4）比较不同试样在同种介质中的R_P,I_K,I_a(阳极电流密度),I_c(阴极电流密度),E_{I_0},E_K值,说明金属材料化学成分对其抗腐蚀性能的影响;

（5）比较不同介质中同种试样的R_P,I_K,I_a,I_c,E_{I_0},E_K值,说明电解质溶液成分对金属的腐蚀作用。

表1-8-1　实验数据表

实验条件 ＼ 数据		线性极化区						强极化区							
		自腐蚀电位	零电流电位	极化电阻	初始电位	终止电位	腐蚀电流密度	阳极初始电位	阴极终止电位	阳极Tafel斜率	阴极Tafel斜率	阳极电流密度	阴极电流密度	自腐蚀电流电位	零电流电位
20钢	水														
	3.5%NaCl溶液														
1Cr13	水														
	3.5%NaCl溶液														
X60	水														
	3.5%NaCl溶液														

第二章
材料焊接检测分析实验

实验 1　焊接接头的金相分析

一、实验目的

(1)初步掌握焊接接头金相试样的制备方法；
(2)了解低碳钢、管线钢焊接接头各区域金相组织及分布特点。

二、实验内容

(1)自制低碳钢焊接接头试样,观察与分析其金相组织；
(2)对实验室制备好的低碳钢、管线钢试样进行金相组织观察、分析和比对。

三、实验原理

金属材料焊接成型的过程中,焊接接头的各区域经受了不同的热循环过程,因而所获得的组织也有很大的差异,从而导致机械性能的变化。对焊接接头进行金相分析,是对接头性能进行分析和鉴定的一个重要手段,它在科研和生产中已得到了广泛的应用。

焊接接头的金相分析包括宏观和显微分析两方面。

宏观分析是用肉眼、放大镜或低倍显微镜(<100×)观察与分析焊缝成型、焊缝金属结晶方向和宏观缺陷等。图2-1-1是在50倍金相显微镜下所观察到的焊接接头的宏观照片。

显微分析是借助于光学显微镜或电子显微镜(>100×)进行观察、分析焊缝的结晶形态、焊接热影响区的组织、分布特点以及微观缺陷等。

200μm

图2-1-1　焊接接头的宏观照片

焊接接头由焊缝金属、焊接热影响区及母材等三部分组成。焊缝金属的结晶形态及焊接热影响区的组织变化不仅与焊接热循环有关,也和所使用的焊接材料及被焊材料有密切的关系。

1.焊缝的交互结晶

熔化焊是通过加热使被焊金属的联接处达到熔化状态,焊缝金属凝固后实现金属的联接。联接处的母材和焊缝金属具有交互结晶的特征,图2-1-2为母材和焊缝金属交互结晶的示意图。

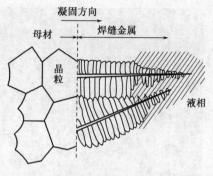

图2-1-2　母材和焊缝金属的交互结晶

由图可见,焊缝金属与联接处的母材具有共同的晶粒,即熔池金属的结晶是从熔合区母材的半熔化晶粒上开始向焊缝中心成长的。这种结晶形式称为交互结晶或联生结晶。当晶体最易长大方向与散热最快方向一致时,晶体便优先得到成长,有的晶体由于取向不利于成长,晶粒的成长会被抑制,这就是所谓的选择长大,并形成焊缝中的柱状晶。

2.不易淬火钢焊接热影响区金属的组织变化

不易淬火钢包括低碳钢和热轧、正火低合金钢等。以低碳钢为例,根据其焊接热影响区的组织特征可分为四个区域,如图2-1-3所示。

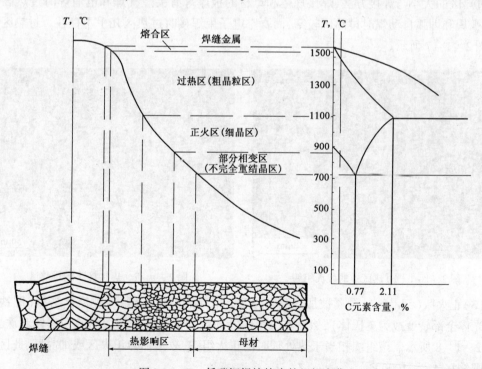

图2-1-3　低碳钢焊接接头的组织变化

(1)熔合区:处于焊缝金属与母材相邻的熔合线附近,又称半熔化区,温度处于固液相线之间。此区在化学成分和组织性能上都有较大的不均匀性,特别是异种金属焊接时,这种情况就更为复杂。在靠近母材一侧的金属组织处于过热状态,塑性很差。在各种熔化焊条件下,这个区的范围都很窄,甚至在显微镜下也很难分辨出来,但对焊接接头的强度、塑性都有很大的影响。在许多情况下熔合区是产生裂纹、局部脆性破坏的发源地,因此引起了普遍的重视。熔合区的组织如图2-1-4、图2-1-5所示。

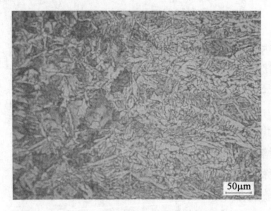 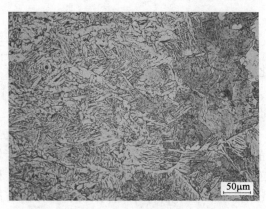

图2-1-4 焊接接头的熔合区1   图2-1-5 焊接接头的熔合区2

(2)过热区(粗晶粒区):此区的金属处于过热状态,过热区的温度范围是处在固相线以下到1100℃左右,在这样高的温度下,奥氏体晶粒发生严重的长大现象,冷却之后获得晶粒粗大的过热组织。在气焊和电渣焊条件下,甚至可得到魏氏组织(图2-1-6)。该区的塑性很低,尤其是冲击韧性通常要降低20%~30%。因此,焊接刚度较大的结构时,常在过热区产生裂纹。过热区的大小与焊接方法、焊接规范和母材的板厚等有关。气焊和电渣焊时过热区比较宽,手弧焊和埋弧自动焊时过热区较窄,而真空电子束焊接时过热区几乎不存在。过热区的组织如图2-1-7所示。

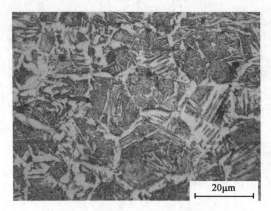 

图2-1-6 过热区中的魏氏组织   图2-1-7 焊接接头的过热区

(3)正火区(细晶区):金属被加热到Ac_3以上稍高的温度,金属将发生重结晶(即铁素体和珠光体全部转变成为奥氏体),然后在空气中冷却就会得到均匀而细小的铁素体和珠光体,如图2-1-8所示。该组织相当于热处理时的正火组织,故又称为正火区或细晶区,此区的温度范围约在Ac_3~1000℃。

(4)部分相变区(不完全重结晶区):焊接时处于Ac_1~Ac_3之间范围的热影响区就是不完全重结晶区。对于低碳钢和某些低合金钢,焊接时,由铁碳平衡相图可知,当金属加热温度稍高于Ac_1,首先珠光体转变为奥氏体。温度升高时,部分铁素体逐步向奥氏体中溶解,温度越高,溶解得越多,直至 Ac₃ 时铁素体全部溶解在奥氏体中。当冷却时又从奥氏体中析出细微的铁素体,一直冷却至 Ar₁ 时,剩余的奥氏体就转变为共析组织——珠光体。由此看出,处于 Ac₁ ~ Ac₃ 范围内的铁素体只有一部分组织发生了相变重结晶,另一部分始终未溶入奥氏体而发生长大,成为粗大的铁素体组织。所以,这个区域的组织是不均匀的,一部分是经过重结晶的、晶粒细小的铁素体和珠光体,另一部分是粗大的铁素体。由于晶粒大小不同,因此材料性能也不均匀。部分相变区的组织如图 2 - 1 - 9 所示。

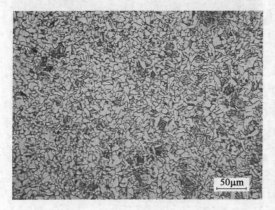 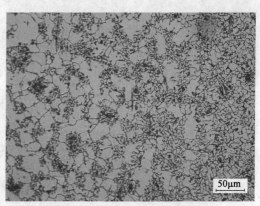

图 2 - 1 - 8　焊接接头的正火区　　　　　图 2 - 1 - 9　焊接接头的部分相变区

3. 管线钢的焊接接头组织变化

管线钢主要是指用于焊接输送石油、天然气的大口径钢管用热轧卷板或宽厚板。现代管线钢属于低碳或超低碳的微合金化钢,是高技术含量和高附加值的产品。管线钢在使用过程中,除要求具有较高的耐压强度外,还要求具有较高的低温韧性和优良的焊接性能。

随着长距离输油管线的大量投入使用,研究分析管线钢的焊接接头显得尤为重要。

由于管线钢的低碳或超低碳微合金化,它的焊接接头的组织变化仍然属于前面讨论的范畴,同样存在熔合区、过热区、正火区和部分相变区。图 2 - 1 - 10 至图 2 - 1 - 13 为 X80 级管线钢焊接接头的组织变化图。

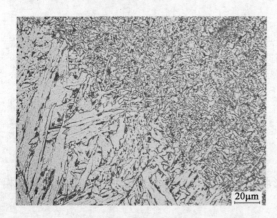 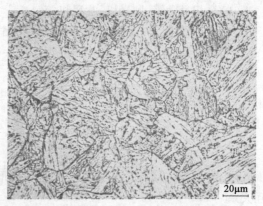

图 2 - 1 - 10　熔合区　　　　　　　　　图 2 - 1 - 11　过热区

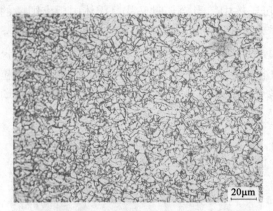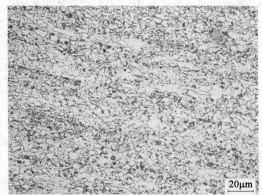

图 2 - 1 - 12　正火区　　　　　　　　　图 2 - 1 - 13　部分相变区

四、实验方法及步骤

1.试样的制备

(1)将焊接接头试样用砂布和各号金相砂纸按照由粗到细的顺序依次研磨,注意每次换砂纸前要用水冲洗试样,以免粗砂粒带到细砂纸上;

(2)将磨制好的试样在抛光机上抛光,再用水冲洗干净并用无水乙醇棉球擦拭干净;

(3)将试样用4%的硝酸酒精溶液浸蚀,然后立即用清水冲洗并用无水乙醇棉球擦拭干净,用吹风机吹干。

2.试样的观察

(1)用放大镜观察焊接接头试样的外形、鳞片、枝状晶等;

(2)用金相显微镜观察试样的焊缝和热影响区各区域组织,绘制各区域组织示意图。

五、实验设备及材料

(1)金相显微镜、抛光机、吹风机等。

(2)金相砂纸、4%硝酸酒精溶液、无水乙醇、脱脂棉、镊子、放大镜等。

(3)低碳钢、低合金钢、管线钢的焊接接头试样若干。

六、实验报告要求

1.实验数据整理

(1)绘制焊接接头的宏观图形,包括焊缝形状、鳞片、枝状晶及其成长方向,并简单说明相互关系。

(2)绘制自己制作的低碳钢焊接接头焊缝、热影响区各区域的显微组织示意图,注明试样制作条件、放大倍数等。

2. 实验结果分析

说明各区域组织的生成机理及其对焊接接头性能的影响。

七、思考题

(1)低碳钢焊接接头热影响区的粗晶区中能否出现马氏体组织?

(2)低碳钢焊接接头在什么条件下会出现魏氏体组织?

实验2　扫描电子显微镜的结构及原理分析

一、概述

扫描电子显微镜(简称扫描电镜)是一种进行物体表面显微观察和显微分析的电子光学仪器,其最大特点是:焦深大,分辨率高,且放大倍数变化范围广、连续可调。扫描电子显微镜的焦深要比光学显微镜的焦深大数百倍,因此对实验样品要求低,特别适合对粗糙表面的观察研究。其分辨率是光学显微镜的40倍,所观察的样品表面三维图像清晰细致;配置有X射线能谱仪,可进行表面微区成分分析和结晶学分析。由于扫描电子显微镜放大倍数变化范围广、连续可调,人们可以首先在低倍下找好所感兴趣的区域,然后再调到高倍进行仔细观察分析,非常实用方便。自从1965年正式投入商品生产以来,扫描电子显微镜得到了极为迅速的发展,是目前应用最成熟、最广泛、最实用的显微分析仪器,它在冶金、生物、地理、化工、农业等各方面均有极为广泛的用途,在材料科学研究领域,已经被普遍应用于断口、磨损及腐蚀表面分析,特别适合做产品失效分析工作。

二、实验目的

(1)了解扫描电子显微镜的基本结构和工作原理;

(2)了解扫描电子显微镜的主要功能和用途;

(3)熟悉扫描电子显微镜成像信息类型使用方法及操作步骤。

三、实验原理

扫描电子显微镜的基本结构可分为电子光学系统(第一、第二聚光镜)、扫描系统(双偏转线圈)、信号检测放大系统(X射线探测器、光电倍增管放大器)、图像显示和记录系统(阴极)、真空系统(样品室)和电源及控制系统六大部分,如图2-2-1所示。

扫描电子显微镜的工作原理与闭环电视系统相似。由电子枪发射并经过聚焦的电子束在样品表面逐点扫描,激发样品产生各种物理信号,这些信号经检测器接收、放大并转换成调制信号,最后在荧光屏上显示反映样品表面各种特征图像。扫描电子显微镜最常使用的是二次电子信号和背散射电子信号,前者用于显示表面形貌衬度,后者用于显示原子序数衬度,如图2-2-2所示。

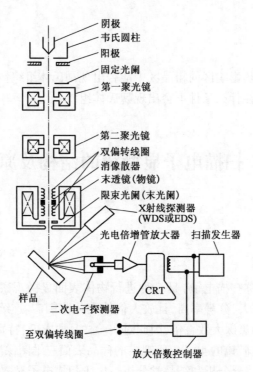

图2-2-1　扫描电子显微镜的结构和工作原理

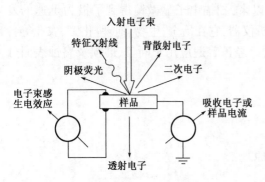

图2-2-2　电子束与样品作用激发的信号

扫描电子显微镜具有三大功能,如下所述。

1.表面形貌分析

扫描电子显微镜下样品的表面形貌是通过其二次电子信号成像衬度而显示的。

二次电子信号来自样品表面层5~10nm,信号的强度对样品微区表面相对于入射束的取向非常敏感,随着样品表面相对于入射束的倾角增大,二次电子的产额增多。因此,二次电子像适合于显示表面形貌衬度。

扫描电子显微镜图像表面形貌衬度在断口分析、组织分析和粒度分析等方面,其优越性尤为突出。

在断口分析方面,利用试样或构件断口的二次电子像所显示的表面形貌特征,可以获得有关裂纹的起源、裂纹扩展的途径以及断裂方式等信息,根据断口的微观形貌特征可以分析裂纹萌生的原因、裂纹的扩展途径以及断裂机制。图2-2-3是比较常见的金属断口形貌二次电子像。较典型的解理断口形貌如图2-2-3(a)所示,在解理断口上存在许多台阶。在解理裂纹扩展过程中,台阶相互汇合形成河流花样,这是解理断裂的重要特征。准解理断口的形貌特征见图2-2-3(b),准解理断口与解理断口有所不同,其断口中有许多弯曲的撕裂棱,河流花样由点状裂纹源向四周放射。沿晶断口特征是晶粒表面形貌组成的冰糖状花样,见图2-2-3(c)。图2-2-3(d)显示的是韧窝断口的形貌,在断口上分布着许多微坑,在一些微坑的底部可以观察到夹杂物或第二相粒子。由图2-2-3(e)可以看出,疲劳裂纹扩展区断口存在一系列大致相互平行、略有弯曲的条纹,称为疲劳条纹,这是疲劳断口在扩展区的主要形貌特征。

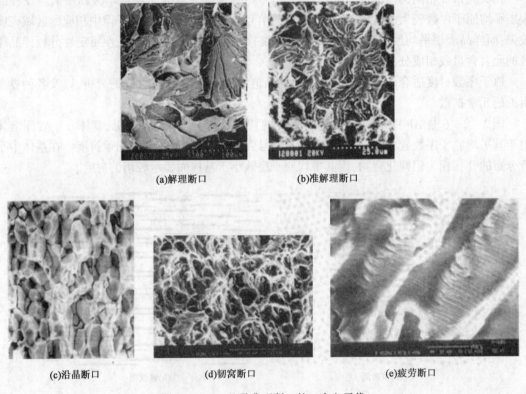

(a)解理断口　　　　　(b)准解理断口

(c)沿晶断口　　　　(d)韧窝断口　　　　(e)疲劳断口

图2-2-3　几种典型断口的二次电子像

在组织分析方面,利用试样的二次电子像的不同衬度,可以获得不同组织的信息,图2-2-4是显示灰铸铁显微组织的二次电子像,基体为珠光体加少量铁素体,在基体上分布着较粗大的片状石墨。

表面形貌衬度还可用于显示表面外延生长层(如氧化膜、镀膜、磷化膜等)的结晶形态。图2-2-5是低碳钢板表面磷化膜的二次电子像,它清晰地显示了磷化膜的结晶形态。

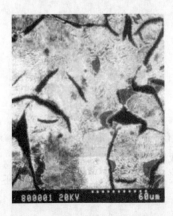　　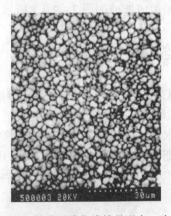

图2-2-4　灰铸铁显微组织二次电子像　　图2-2-5　低碳钢磷化膜结晶形态二次电子像

2.元素分布分析

接收样品表面背散射电子信号成像,利用样品表层微区成分原子序数变化所造成的不同衬度,显示材料内不同元素的差异,或进行相成分分析。

在实验条件相同的情况下,背散射电子信号的强度随元素原子序数增大而增大。在样品表层平均原子序数较大的区域,产生的背散射信号强度较高,背散射电子像中相应的区域亮度较强;而样品表层平均原子序数较小的区域则亮度较暗。根据成像衬度,便可定性分析样品微区的元素含量或相成分差异。

原子序数衬度适合于研究钢与合金的共晶组织、组织中金属化合物的分析,以及各种界面附近的元素扩散。

图 2-2-6 是 Al—Li 合金铸态共晶组织的背散射电子像。由图可见,基体 α-Al 固溶体由于其平均原子序数较大,产生背散射电子信号强度较高,显示较亮的图像衬度。在基体中平行分布的针状相为铝锂化合物,因其平均原子序数小于基体而显示较暗的衬度。

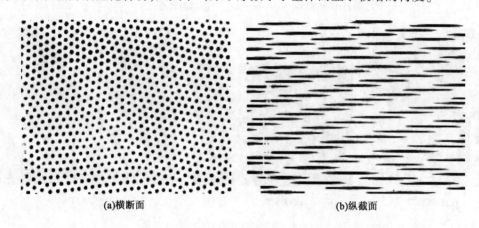

(a)横断面   (b)纵截面

图 2-2-6 Al—Li 合金铸态共晶组织背散射电子像

3.微区成分能谱分析

利用一束聚焦到很细的高能电子束,轰击样品表面的某点,检测激发产生的特征 X 射线,根据特征 X 射线的波长和强度的不同,来确定分析区域的化学成分及其相对含量。双相不锈钢敏化析出相组成能谱如图 2-2-7 所示。

四、实验内容及步骤

(1)了解扫描电镜的结构及操作步骤。

(2)样品制备。

①用无水酒精在超声波清洗器中清洗样品表面附着的灰尘和油污。

②对表面锈蚀或严重氧化的样品,采用化学清洗或电解的方法处理。

③对于不导电的样品,观察前需在表面喷镀一层导电金属,镀膜厚度控制在 5~10nm 为宜。

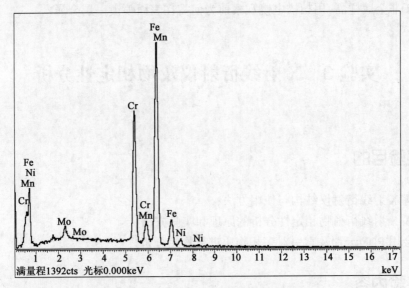

图 2 - 2 - 7　双相不锈钢敏化析出相的组成

④由于信号探测器只能检测到直接射向探头的背散射电子,所以原子序数衬度观察只适合于表面平整的样品,实验前样品表面必须抛光。

(3)表面形貌观察与分析。

①观察 X70 钢拉伸试样断口形貌(1 号样品),分析其形貌特征;

②观察 35CrMo 钢显微组织(2 号样品)的二次电子像,分析组织组成及形态特征;

③观察氧化锌、SiO_2 样品形貌(3 号样品)的二次电子像,分析其形貌特征。

五、实验数据处理及结果分析

(1)简述扫描电镜的特点、基本结构及功能;

(2)简述扫描电镜成像信息类型及各自用途;

(3)复制所观察样品的二次电子像,简述其主要形貌特征或组织构成及形态特征。

六、实验设备及材料

(1)扫描电子显微镜(JSM - 6390A 型),1 台;

(2)超声清洗仪,1 台;

(3)断口试样、金相试样,若干;

(4)放大镜,1 只;

(5)吹风机,1 只;

(6)无水酒精,若干。

七、思考题

(1)扫描电镜使用时为何要抽真空?

(2)对于非金属样品,用扫描电镜观察前为何需在表面喷镀一层金属?

实验3　X射线衍射仪及物相定性分析

一、实验目的

(1)了解 X 射线衍射仪结构与使用方法;
(2)掌握 X 射线衍射物相定性分析的原理和实验方法;
(3)学会用 PDF 卡片及索引对多相物质进行物相分析。

二、实验内容

(1)利用 XRD-6000 型 X 射线衍射仪获得一个多相样品的 XRD 图谱。
(2)对获得的 XRD 图谱进行定性分析,确定其物相组成。

三、实验原理

1. X 射线衍射仪工作原理

图 2-3-1 是 X 射线衍射仪的工作原理图,其基本构成包括 X 射线管、测角器、X 射线探测器、计算机控制系统、电源设备及防护装置等。

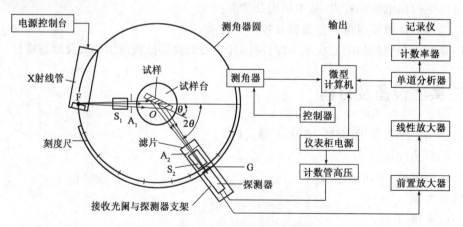

图 2-3-1　X 射线衍射仪工作原理图

工作时,由 X 射线管发射出来的 X 射线经过光阑 S_1 和 A_1 后照射到样品表面,与样品发生交互作用后产生的衍射线经光阑 A_2、S_2 和接受狭缝 G 进入探测器,再经放大并转换为电信号,最后经过计算机处理后转换为数字信息。测量过程中,样品台承载样品按照一定的步进和速度转过一定角度 θ(掠射角),探测器同时转过 2θ,这种驱动方式称为 θ—2θ 连动方式。通过计算机记录下样品转动过程中每一步的衍射强度数据(I)和探测器位置(2θ),并以2θ为横坐标,强度为纵坐标绘制出衍射图谱。图2-3-2为SiO_2的衍射图谱。

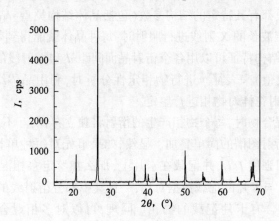

图2-3-2 X射线衍射图谱

2.物相定性分析原理

晶体物质中分子和原子的排列是规则而有序的,它们以不同点阵方式周期性地进行排列,各晶面之间的面间距也是一定的。当X射线照射晶体时,由于晶体面间距与X射线的波长在同一数量级,将会发生衍射现象。如图2-3-3所示,当X射线照射两个面间距为d的晶面时,受到晶面的反射,两束反射X光的波长和发射角都相同时,它们走过的光程不同。当两束光的光程差$2d\sin\theta$是入射波长的整数倍时,即

$$2d\sin\theta = n\lambda(n\text{为整数})$$

若两束光的相位一致将相互叠加而增强,而在其他状态下则互相减弱。晶体对X射线的这种衍射规则称为布拉格规则,上式称为布拉格方程。

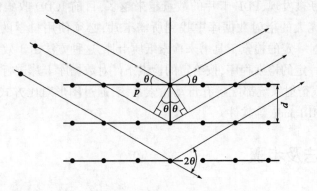

图2-3-3 晶体对X射线的衍射

这里需要注意的是,X射线在晶体中的衍射实质上是晶体中各原子散射波之间的干涉结果。只是由于衍射线的方向恰好相当于原子面对入射线的反射,所以借用镜面反射规律来描述衍射几何。但是X射线的原子面反射和可见光的镜面反射不同。一束可见光以任意角度投射到镜面上都可以产生反射,而原子面对X射线的反射并不是任意的,只有当θ、λ、d三者之间满足布拉格方程时才能发生反射,所以把X射线这种反射称为选择反射。

晶体能够产生衍射的方向(或角度)取决于晶体微观结构的类型(晶胞类型)及其晶面间距、晶胞参数等基本尺寸;而衍射强度决定于晶体中各组成原子的元素种类及其分布排列的坐标。由于每种晶体物质都有其特定的结构参数(包括晶体结构类型、晶胞大小、晶胞中的原子位置和数目等),在一定波长的 X 射线进行照射时,每种晶体就能得到带有自己晶体结构信息的特定的衍射花样,其结构特征可以用各个衍射晶面间距 d 和衍射线的相对强度 I/I_1(I_1 是衍射图谱中最强峰的强度值)来表征。进行物相定性分析时,利用晶体结构与衍射花样的一一对应关系,就能通过衍射花样对物相进行鉴定。

如果试样为多相混合物时,每个物相产生的衍射将独立存在,互不相干。该多相混合物的衍射图谱是各个单相衍射图谱的简单叠加。显然,如果事先对每种单相物质都测定一组面间距 d 和相应的一组相对强度 I/I_1,并记载在卡片上,那么在鉴定多相混合物的物相时,只需将待分析试样的 d 和 I/I_1 与卡片的记载数据对比,一旦其中部分衍射线的 d 和 I/I_1 与卡片数据吻合,则多相混合物就含有卡片记载的物相。同理,可以对多相混合物的其余相逐一进行鉴定。

3. PDF 卡片检索方法

如上所述,物相定性分析的方法,就是将由试样测得的 d 和 I/I_1(即衍射花样)与已知结构物质的标准 d 和 I/I_1(即标准衍射花样)进行对比,从而鉴定出试样中存在的物相。因此,必须收集大量已知结构物质的 d 和 I/I_1 衍射数据,作为待分析试样的对比依据。

最早已知物相的数据是记录在卡片上,这种记录方式至今一直被采用。此外,还有显微缩影方式、电脑存储方式和将卡片印成书。已知物质数据的卡片,称为 ASTM 卡,因为这种卡片最先由"美国材料试验协会(ASTM)"提出推广。ASTM 卡也称 PDF(the Powder Diffraction File)卡,或称 JCPDS(the Joint Committee on Powder Diffraction Standards)卡,目前由国际衍射数据中心(International Centre Diffraction Data,简称 ICDD)负责搜集整理新物质的衍射数据。

随着新物质不断被发现,PDF 卡片的数量越来越多,目前 ICDD 收集的卡片数量超过 16 万种。为了从数量庞大的衍射数据库中找到所需卡片,必须使用科学的索引方法。最早的 PDF 卡片检索是通过一定的检索工具书来检索纸质卡片,这种方法由于效率低下,基本已经被淘汰。后来是通过一定的检索程序,按给定的检索条件对数据库卡片进行检索(如 PCPDFWin 程序)。现代 X 射线衍射系统都配备有自动检索系统,通过图形对比方式就可以检索多物相样品中的物相(如 MDI Jade 等软件)。

四、实验方法及步骤

1. 样品制备

用于 X 射线衍射分析的粉末样品必须满足两个条件,即粉末颗粒足够细小并且试样无择优取向。因此,应将适量待分析样品取出后放在玛瑙研钵中仔细进行研磨,使得粉末的颗粒度小于 350 目。然后将研磨好的粉末均匀填充到玻璃试样架的凹槽中,并用玻璃片压实,要求试样面和玻璃表面平齐。最后,将承载粉末样品的玻璃试验架插到衍射仪的样品台上进行扫描测试。

2. 样品测试

(1)双击 Right Gonio Condition 对话框中的蓝条,弹出 Standard Condition Edit 菜单,然后进行参数设置:

(2)参数设置结束后点击"OK",进入文件保存路径设置。

(3)在 Group Name 下输入要保存的文件夹名称,输入文件名和样品名,点击"New",然后点击弹出的 Standard Condition Edit 对话框中的"Close"返回 Right Gonio Condition 对话框。

(4)在原蓝条的位置出现文件夹、文件和样品名称,然后点击"Append"进行追加,然后点击左下角"Stop"前的复选框,最后点击"Start",进入 Right Gonio Analysis 操作界面。

(5)在 Right Gonio Analysis 界面下点中样品名,然后点击左下角"Stop"前的复选框,最后点击"Start"正式进入测试阶段。显示器将显示样品的 X 射线衍射图谱。

3. 样品定性分析

(1)用 MDI Jade 软件打开待分析样品的 X 射线衍射的数据文件。

(2)分别使用平滑、扣背底、去 $K_{\alpha 2}$ 和寻峰功能对待分析样品的图谱进行处理。

(3)单击工具栏中的 S/M 按钮,系统将自动检索出与样品衍射谱最匹配的 100 种 PDF 卡片并列表显示。

(4)在列表中,根据谱线角度和强度的匹配情况,选择最匹配的 PDF 卡片作为物相简单结果。

(5)重复步骤(3)和(4),直到所有的衍射线都有相应的物相对应,物相定性分析结束。

五、实验设备及材料

(1)实验材料。本实验采用某两种物质混合粉末样品米进行 X 射线衍射分析。

(2)实验设备。本实验所用仪器为日本岛津公司的 XRD – 6000 型 X 射线衍射仪,可用于粉末、薄膜、难于固定的样品、易溶样品等各种样品的测定。

六、实验报告要求

(1)简述 X 射线衍射方法进行物相分析的基本原理;

(2)简述利用 X 射线衍射方法进行物相分析的实验过程。

七、思考题

(1)X 射线衍射仪由哪几部组成,每部分的功能是什么?

(2)哪些材料不适合用 X 射线衍射方法进行分析?

实验 4　材料微区成分的 X 射线能谱分析

一、实验目的

(1) 了解能谱仪的基本结构及工作原理；
(2) 结合实例分析, 学会正确识别和分析能谱检验结果；
(3) 了解能谱分析方法的适用性及局限性, 学会正确选用微区成分分析方法。

二、实验内容

(1) 利用能谱仪获得待测样品的能谱图；
(2) 对获得的能谱图进行定性分析, 确定其主要化学成分。

三、实验原理

1. X 射线能谱分析原理

在高能量电子束照射下, 样品内壳层电子受轰击后被电离, 电离使原子处于较高能量的激发态, 这种状态是不稳定的, 外层电子会迅速填补内层电子空位而使能量降低, 同时多余能量以 X 射线方式被放出, 这种 X 射线就是携带元素身份信息的特征 X 射线。图 2-4-1 给出空位在 K 壳层和 L 壳层中形成时产生的主要特征 X 射线。按照图 2-4-1, 可以用 $K_{\alpha1}$、$K_{\alpha2}$ 等记号来表示特征 X 射线的种类。由于 $K_{\alpha1}$、$K_{\alpha2}$ 等特征 X 射线的能量相差很小而分不开时, 就写成 $K_{\alpha1,2}$ 或者简单用 K_{α} 表示。

由于每一种元素的特征 X 射线能量不同, 因此如果用某种探测器测出 X 射线光子的能量, 就可以确定元素的种类, 达到鉴定化学成分的目的。同时, 根据谱的强度就可以确定其含量。这种通过分析特征 X 射线能量来鉴定物质化学成分的方法称为 X 射线能谱分析方法 (EDS)。

2. X 射线衍射仪工作原理

图 2-4-2 为 X 射线衍射仪工作原理示意图。X 射线衍射仪主要部件包括探测窗口、探测器、主放大器、多道分析器系统等。

1) 探测窗口

探测窗口的主要作用是保持探测器真空, 并保护探测器, 目前主要有两种类型。第一种是用厚度为 8~10μm 的铍薄膜制作的窗口。这种探测器使用起来比较容易, 但由于铍薄膜对低能 X 射线的吸收,使用这种窗口的能谱仪不能分析比 Na($Z = 11$)轻的元素。

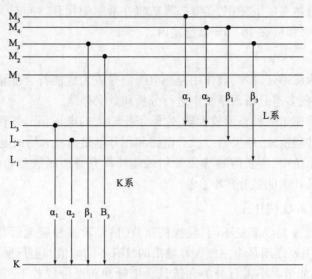

图 2 - 4 - 1   电子能级和特征 X 射线的种类

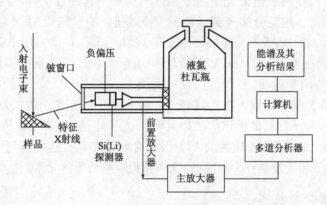

图 2 - 4 - 2   X 射线衍射仪工作原理示意图

第二种窗口是沉积了铝、厚度为 $0.3 \sim 0.5 \mu m$ 的有机膜窗口。这种膜吸收 X 射线少,可以测量 C($Z = 6$)甚至是 B($Z = 5$)以上的较轻元素。使用这种窗口的能谱仪由于对轻元素探测灵敏度高而被广泛使用。

2)探测器

探测器是能谱仪中最关键的部件,它决定了能谱仪分析元素的范围和精度。目前主要用锂漂移硅固态检测器作为能谱的探头,习惯记为 Si(Li)探测器。

Si(Li)探测器可以看作是一种特殊的半导体二极管。当 X 射线通过铍窗口射入 Si(Li)晶体时,产生一些自由电子—空穴对,在电极间的电场作用下,电子向 n 区集中,空穴向 p 区集中,其结果是产生小脉冲电流向外电路输出。在液氮温度下,电离产生一个电子—空穴对所需的能量 $\varepsilon = 3.8eV$。因此,能量为 E 的 X 射线所激发的电子—空穴对的数量为

$$N = \frac{E}{\varepsilon}$$

因为这类探测器不存在"气体放大作用",加在晶体两端面的偏压所收集的电流脉冲将直接由 N 决定,而 N 与入射 X 射线的能量成正比。

因为锂原子很小,扩散能力很强,容易改变其性能。为了防止锂再漂移以减少噪声,Si(Li)探头不仅要在液氮温度下使用,还要一直放置在液氮中保存。同时为了防止周围气氛对硅表面的污染,它还必须放在 10^{-4}Pa 真空室内。

3)主放大器

主放大器也称为脉冲处理器,其作用是把电压信号放大成能符合能量分析系统所要求的电压脉冲,然后输送到多道分析器系统中进行分析和数据存储。

常用的主放大器属于一种整形放大器,它除了把输入的电压信号线性放大到能量分析系统所要求的电压脉冲幅度外,还要通过微分电路和积分电路把放大后的电压脉冲进行整形,以便在后面多道分析系统中,所获得的特征 X 射线能峰具有高斯函数分布的形状,从而保证该能量分析系统具有最佳的能量分辨率。

4)多道分析器系统(MCA)

不同元素的特征 X 射线能量不同,经探头接收、信号转换和放大后其电压脉冲的幅值大小也不同。MCA 的主要作用是将主放大器输出的具有不同幅值的电压脉冲(对应于不同的 X 射线光子能量)按其能量大小进行分类和统计。把脉冲高度分成若干挡,脉冲幅度相近的编在同一挡内进行累计,相当于把 X 光子能量相近的放在一起计数。每一挡称为 1 道,每个道都编上序号,称为道址。道址号按 X 光子能量大小编排。能量越低,道址号越小,道址与能量之间存在对应关系。每一道设有一定的能量范围,称为道宽。如果采用 1024 道的 MCA,道宽为 20eV,就可以得到覆盖 0~20.48keV 能量范围的能谱,而这个能量范围足以检测出元素周期表中所有元素的特征 X 射线。

以通道地址(即 X 光子能量大小)为横坐标,每个通道内 X 光子的数量为纵坐标,将得到 X 光子能量大小—X 光子数量的图谱。如果某个 X 光子能量(即某个通道)下积累的脉冲数最多,将出现一个峰,就说明在被检测的 X 射线中含有很多具有这种能量的光子。而具有这个特定能量的 X 光子和元素是一一对应的,这样就能检测出所含元素。

3.X 射线能谱分析技术

1)定点分析

将电子束固定在需要分析的微区上,连续接收由电子束入射点所激发出来的特征 X 射线,得到样品的能谱图,根据能谱图中波峰所在位置就可以鉴定该点的化学成分。图 2-4-3 为 SiC 氧化后在表面形成的氧化物,用定点分析方法对图中白色十字标记的部位进行能谱分析,发现该点主要由 Si 和 O 两种元素组成。

微区定点成分分析在合金沉淀相和夹杂物的鉴定等方面有着广泛的应用。考虑到空间分辨率,被分析粒子或相区的尺寸一般应大于 1~2μm。对于一般方法难于鉴别的各种类型的非化学计量式的金属间化合物(如 A_xB_y,其中 x 和 y 不一定是整数,且分别在一定范围变化),以及元素组成随合金成分及热处理条件不同而变化的碳化物、硼化物、碳氮化物等,可通过定点分析的方法进行鉴定。

2)线分析

将入射电子束在试样表面沿选定直线轨迹逐点进行扫描,便得到沿该直线某种或某几种元素特征 X 射线强度的变化,从而反映了该元素沿直线的浓度分布情况。也可以直接在二次电子像或背散射电子像上叠加显示扫描轨迹和 X 射线强度的分布曲线,这样就可以更直观显示元素浓度变化和样品组织之间的关系。对图2－4－4中沿白色直线上的元素进行分析发现,B元素从左到右先是急剧增加,超过图中环形灰色区域后缓慢增加;C元素从左到右先是急剧减小,超过图中环形灰色区域后浓度基本不再变化。说明图中环形灰色区域以C元素为主,而环形黑色区域以B元素为主。

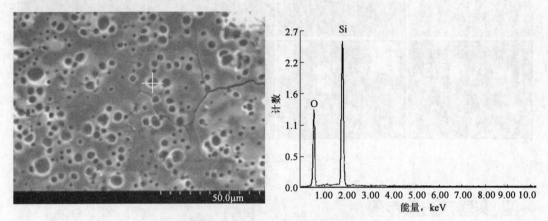

图2－4－3　EDS定点分析结果图谱

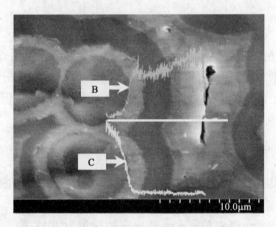

图2－4－4　EDS线分析结果图谱

线分析方法对于鉴定元素在材料内部相区或界面上的富集和贫化,对于分析扩散过程中元素浓度和扩散距离的关系,都是一种十分有效的手段。

3)面分析

面分析用于测定某种元素的面分布情况。方法是使入射电子束在试样表面做光栅式扫描,相当于点分析做试样的全谱扫描,此时显示器上便可得到某种元素的面分布图像。这种成像方式其实也是扫描电子显微镜的X射线像,显示器中显示的亮度由试样给出的X射线强度调制。如果面扫描图像中某区域的亮度高,则说明这个区域中这种元素含量较高。图2－4－5为对某合金进行元素面分析的结果,其中最左上角的图是扫描电镜照片,其余的图分别为Al、Ca、Fe、K、Mg、Na和Si元素在该视域中的分布情况。

需要注意的是,在实际操作条件下,不同区域间的浓度至少相差两倍以上,才可能获得衬度较好的图像。另外,面扫描图像中同一视域不同元素特征谱线扫描像之间的亮度对比,不能被认为是各元素相对含量的标志。

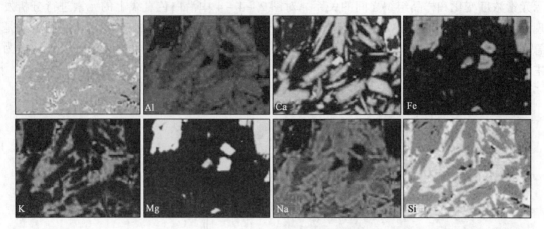

图 2 - 4 - 5　EDS 面分析结果图谱

四、实验方法及步骤

1. 样品制备

对于只进行定点分析的试样,其试样制备方法和扫描电镜样品制备方法一样,只需要保证样品表面清洁无污,试样能导电就可以了。如果要进行线分析和面分析,除了要满足上述要求,还应该按照制备金相试样的方法将样品研磨成表面光整的平面,但不能腐蚀试样,以免腐蚀剂对成分分析结果产生干扰。

2. X 射线能谱分析

(1)调整扫描电镜状态,使得 X 射线以最佳的角度接收试样表面激发的特征 X 射线。

①调整扫描电镜加速电压。一般选择最高谱峰能量的 1.5 倍。

②调整工作距离、样品台倾斜角度。一般保证初射角为 30°左右。

③调整电子束对中和束斑尺寸,使输入计数率达到最佳。

(2)谱线的收集。

①根据计数率选择时间常数,使死时间在 20% ~ 40%。

②根据需要可以预置收集时间,到时间后将自动停止谱线收集。

③使用收集键(Collect)开始和停止谱线收集。

④若要调节对谱线的观察,可以通过点击鼠标将黑色光标置于感兴趣处,然后使用扩展和收缩键。也可以直接点击和拖动鼠标来调整谱线的显示。

⑤点击峰识别键(Peak ID)对峰进行自动识别。

⑥"HPD"键用于峰的识别和确定。点 HPD 后,依据识别峰和收集参数将产生一条理论上的谱线,该谱线将在所收集的谱线上绘出。

⑦送入谱线标识,该标识将随谱线存储和打印。

⑧在结果对话框中选择打印键,可以将谱峰打印出来。

⑨点击存储键并选择文件名和路径,对分析结果进行存储。

五、实验设备及材料

（1）实验材料：22Cr 双相不锈钢。
（2）实验设备：美国 EDAX 公司的 GENESIS 能谱。

六、实验报告要求

（1）简述能谱仪的基本结构及各部分作用。
（2）简述 X 射线能谱进行化学成分分析的原理。

七、思考题

为什么能谱的线分析和面分析需要平整的试样？

实验5　典型断口的电子显微分析

一、概述

断口是断裂失效中两断裂分离面的简称。由于断口真实地记录了裂纹由萌生、扩展直至失稳断裂全过程的各种与断裂有关的信息。因此，断口上的各种断裂信息是断裂力学、断裂化学和断裂物理等诸多内外因素综合作用的结果，对断口进行定性和定量分析，可为断裂失效模式的确定提供有力依据，为断裂失效原因的诊断提供线索。断口金相学不仅能在设备失效后进行诊断分析，还可为新产品、新装备投入使用进行预测。断口、裂纹及冶金、工艺损伤缺陷分析是失效分析工作的基础，实践证明，没有断口、裂纹及损伤缺陷分析的正确诊断结果，是无法提出失效分析的准确结论的。

采用扫描电镜可对金属断裂典型断口形貌进行观察，并可对其微区成分进行分析。本实验具体内容分三部分：利用二次电子成像，观察金属断裂典型断口形貌，了解典型断口的微观特征；利用背散射电子成像，观察双相不锈钢断口的析出相；利用能谱分析仪，分析双相不锈钢的析出相和基体相的成分差别。

二、实验目的

（1）掌握二次电子成像观察方法，了解金属材料典型断口形貌特征；
（2）掌握背散射成像观察方法，了解双相不锈钢断口析出相特征；
（3）掌握能谱分析方法，了解双相不锈钢断口析出相和基体相的成分差别。

三、实验原理

1. 金属材料典型断口特征

1）断口宏观形貌特征

对韧性金属材料一次过载造成的延性断裂,宏观上的基本特征通常表现为三个特征区,即纤维区、放射区和剪切唇区。这三个特征区是断口的三要素。在实际的宏观失效分析中,一般将断口分为延性断裂断口、脆性断裂断口和疲劳断裂断口。表 2-5-1 列出了这三种典型断口的宏观形貌特征,根据这些特征,可诊断出断口的宏观类型。

表 2-5-1　典型断口的宏观形貌特征

断口特征	延性断裂断口		脆性断裂断口		疲劳断裂断口	
	切断型	正断型	缺口脆性	低温脆性	低周疲劳	高周疲劳
色泽	较弱的金属光泽	灰色	白亮色,接近金属光泽	结晶状金属光泽	白亮色	灰黑色
断面粗糙度	较光滑	粗糙锯齿状	极粗糙	粗糙	较光滑	光滑
放射线	一般无,但高强钢中有时会出现	无	明显	不太明显	较不明显,板材有近似人字纹	明显,且细腻
弧形线	无	无	无	无	一般可见疲劳弧线,但在恒载时无	一般可见疲劳弧线,应力幅变化越大越明显
与主应力的交角	约45°	约90°	约90°	约90°	裂纹扩展速率小时接近90°,大时接近45°	约90°

2）断口微观形貌特征

断口上常见的微观特征有韧窝特征、滑移特征、解理特征、准解理断裂特征、沿晶断裂特征和疲劳断裂特征等断裂特征花样。

（1）韧窝特征:主要微观特征是,材料在微区范围内塑性变形产生的显微孔洞经形核、长大、聚集直至最后相互连接而导致断裂后在断口表面上所留下的痕迹。由于其他断裂模式上也可观察到韧窝,因此不能把韧窝特征作为延性断裂的充分判据,而只能作为必要判据来应用。零件受力状态不同,韧窝可有不同的形状,即韧窝的形状可反映零件的受力状态。韧窝的最基本形态有等轴韧窝、剪切韧窝和撕裂韧窝三种,如图 2-5-1 所示。

（2）滑移特征:属于金属延性断裂的一种微观特征,包括滑移线、滑移带、蛇形花样和涟波花样,是在正应力作用下,金属沿滑移面滑移分离的主要微观特征。

（3）解理特征:金属在正应力作用下,由于原子结合键破坏而造成的沿一定晶体学平面（解理面）快速分开的过程称为解理断裂。解理断裂属于脆性断裂的一种,解理面通常是表面能量最小的晶面,不同的晶体结构具有不同的解理面;面心立方晶系的金属一般不发生解理断裂。解理断裂区宏观上没有明显的塑性变形,在太阳光下转动时可观察到反光的小刻面,属于脆性断裂。严格意义上说,解理断裂面上是没有任何解理特征花样的,但在实际材料中,由于各种因素的作用,解理面局部均会发生微观的塑性变形,从而形成解理台阶、河流花样、舌状花样、鱼骨状花样、扇形花样及瓦纳线等特征。图2-5-2是解理断口上常见的典型微观形貌。

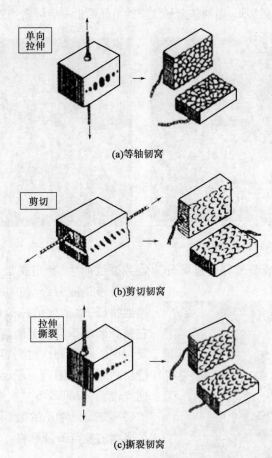

(a)等轴韧窝

(b)剪切韧窝

(c)撕裂韧窝

图2-5-1 韧窝的三种基本形态示意图

(4)准解理断裂特征:介于解理断裂与延性断裂间的一种过渡断裂形式。宏观上无明显塑性变形或变形较小,断口平整,具有脆性断裂特征;微观形貌有河流花样、舌状花样及韧窝与撕裂棱等,如图2-5-3所示。

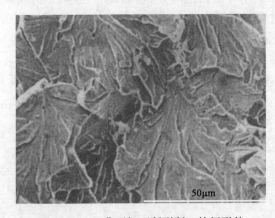

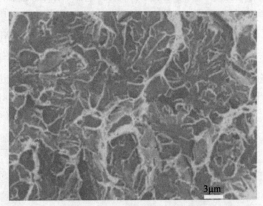

图2-5-2 典型解理断裂断口特征形貌　　　图2-5-3 准解理断裂微观形貌

（5）沿晶断裂特征:属于脆性断裂的一种,又称为晶间断裂,是多晶材料沿晶界面发生断裂的现象,如图2-5-4所示,可分为沿晶韧窝断裂和沿晶脆性光面断裂。沿晶面上具有线痕(鸡爪痕)特征的沿晶断裂,是氢脆断裂的典型形貌,如图2-5-5所示;沿晶面上具有核桃纹特征的沿晶断裂是应力腐蚀断裂的典型形貌;液体金属致脆的沿晶面上一般可看到致脆的金属残留痕迹。

500μm

图2-5-4　沿晶断裂微观形貌

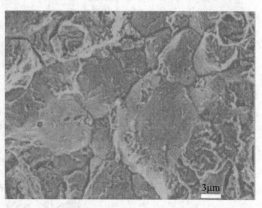

3μm

图2-5-5　沿晶面上线痕特征

（6）疲劳断裂特征:疲劳断裂过程可分为疲劳裂纹萌生、稳定扩展和失稳扩展三个阶段。

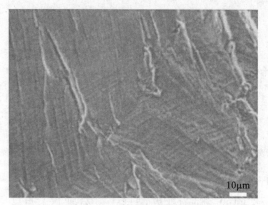

10μm

图2-5-6　典型疲劳带

疲劳条带是疲劳裂纹扩展第二阶段的最重要的显微特征,也是疲劳断裂断口的基本形貌特征;它是判断断口为疲劳断裂的充分判据,但不是必要判据。一般韧性材料容易形成疲劳条带,而脆性材料则比较困难。轮胎花样、排列规则的平行韧窝带、平行的多条二次裂纹带等也是疲劳裂纹扩展第二阶段常见的微观形貌特征。图2-5-6是典型的疲劳条带形貌。

2.断口表面的成分分析

断口表面的成分分析是指对断口表面的平均化学成分、微区成分、元素的面分布及线分布、元素沿深度的变化、夹杂物及其他缺陷的化学元素比等参数进行分析和表征。这类分析仪器主要有俄歇电子谱仪、离子探针、电子探针、X射线能谱仪和X射线波谱仪等。

电子探针通过高速电子激发出试样表面组成元素的特征X射线,对微区成分进行定性、定量的分析。原理是:以动能为10~30keV的细聚焦电子束轰击试样表面,击出表面组成元素的原子的内层电子,使原子电离,此时外层电子迅速补充空位而释放能量,从而产生特征X射线。用波长色散谱仪及检测计数系统,测量X射线的波长及强度,就可以鉴别元素的种类及浓度。

四、实验内容及步骤

1.样品制备

对断口上附着的腐蚀介质或污染物进行适当清理,注意尽量不使断口产生二次损伤。

当失效件体积太大时需分解或切割。切割时,应先对断口进行宏观分析,确定首断部位,然后进一步确定断裂的起始部位。切割前,先将需要分析的部位保护起来;切割时,尽量使用锯、切等不会产生高温的机械方法,以确保重点分析部位不会因高温而产生二次损伤。

2. 断口形貌观察

(1)断口宏观分析:在小于 40 倍的条件下对断口进行观察,观察内容见表 2 - 5 - 2;填写表 2 - 5 - 2;综合表 2 - 5 - 3 数据,确定断口断裂的类型。

表 2 - 5 - 2　所观察金属断口的宏观形貌特征

样品代号	样品材料	断裂方式	塑变区比例	色泽	表面粗糙度	弧形线	剪切唇	纤维区	断裂类型
4	22Cr	冲击							
5	X70	疲劳							
6	22Cr	冲击							

(2)断口微观分析:利用二次电子信息对断口形貌进行观察,观察内容见表 2 - 5 - 3,填写表 2 - 5 - 3。

表 2 - 5 - 3　所观察金属断口的微观形貌特征

样品代号	样品材料	断裂方式	韧窝形态	滑移特征	解理特征	准解理特征	沿晶面线形特征	疲劳断裂特征
4	22Cr	冲击						
5	X70	疲劳						
6	22Cr	冲击						

(3)断口相组成分析:利用背散射信息观察双相不锈钢断口原子序数衬度像,判断其相组成。

(4)微区成分测定:利用能谱分析方法,对双相不锈钢成分做定性分析,说明析出相和基体相的成分差别。

五、实验设备及材料

(1)扫描电子显微镜(JSM - 6390A 型),一台;
(2)超声清洗仪,一台;
(3)断口试样,若干;
(4)放大镜,一只;
(5)吹风机,一只;
(6)无水酒精,若干。

六、实验数据处理及结果分析

(1)简述断口宏观及微观特征;
(2)打印出所观察的断口形貌图;

(3)填写表 2-5-2、表 2-5-3。

七、思考题

D1、D2 断口样品材料皆为 22Cr,断裂方式也同为冲击,为何其断裂类型不同?

实验 6 透射电子显微镜(TEM)组织分析

一、实验目的

(1)熟悉透射电子显微镜的成像原理,了解其基本结构;
(2)了解透射电子显微镜的样品制备方法;
(3)学会分析典型组织图像。

二、实验内容

(1)通过双喷电解减薄法制备(钢)金属薄膜样品;
(2)利用透射电子显微镜观察(钢)中的典型组织。

三、实验原理

1.透射电子显微镜的基本结构

透射电子显微镜(简称透射电镜)是以波长极短的电子束作为光源,利用磁透镜聚焦成像的一种具有高分辨率、高放大倍率的电子光学仪器。常见的透射电镜主要由电子光学系统(镜筒)、真空系统以及供电系统三大部分组成,其中电子光学系统是电子显微镜的核心部分。

1)电子光学系统

透射电子显微镜的整个电子光学系统置于镜筒之内,镜筒一般做成直立积木式结构,自上而下分布着电子枪、双聚光镜、样品室、物镜、中间镜、投影镜、观察室和照相室等装置。根据这些装置的功能不同又可将电子光学系统分为照明系统、样品室、成像系统及观察和记录系统,如图 2-6-1 所示。

(1)照明系统。

照明系统分为电子枪和聚光镜两大部分,其主要作用是为成像系统提供亮度高、相干性好、稳定性高的照明光源。

①电子枪。电子枪是提供电子束的器件,透射电子显微镜常用热阴极三级电子枪,由阴

极、栅极和阳极组成。传统的阴极通常用直径为 0.1mm 的钨丝做成 V 形,在真空中加热后发射电子作为光源。近年来,广泛使用的 LaB_6 单晶或者场发射电子枪,其寿命、亮度、稳定性等性能均优于钨丝电子枪。

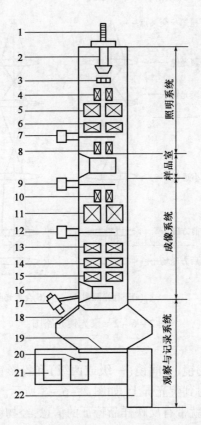

图 2 – 6 – 1　透射电镜镜筒剖面示意图

1—高压电缆;2—电子枪;3—阳极;4—束流偏转线圈;5—第一聚光镜;6—第二聚光镜;7—聚光镜光阑;
8—电磁偏转线圈;9—物镜光阑;10—物镜消像散线圈;11—物镜;12—选区光阑;13—第一中间镜;
14—第二中间镜;15—第三中间镜;16—高分辨衍射室;17—光学显微镜;18—观察窗;19—荧光屏;
20—发片盒;21—收片盒;22　照相室

②聚光镜。聚光镜的作用是会聚从电子枪发射出来的电子束。透射电镜一般采用双聚光镜,现代电镜又多了一个会聚小透镜,如图 2 – 6 – 2 所示。第一聚光镜是强激磁透镜,可将电子枪的电子束光斑直径大为缩小;第二聚光镜是弱激磁透镜,把来自第一聚光镜的电子束再次会聚成一个束斑。电子束在通过会聚小透镜以及物镜前方透镜后,照射到试样上,形成照明斑。会聚束用来改变电子束照明的孔径角,配合使用聚光镜光阑,可以调节照明斑大小。

图 2 – 6 – 2(a) 为聚光镜组使得照明光束在物镜前方形成一个束斑,在物镜前方磁场的作用下,可以使试样在很大的区域获得平行电子束的照射。图 2 – 6 – 2(b) 则表示聚光镜提供近乎平行的电子束,通过物镜前方磁场后,会聚在试样上,获得该点高强度的照明。

(2)样品室。

样品室位于物镜磁场中,其作用是承载样品,并在不破坏镜筒真空的情况下,使样品能够在物镜靴孔内平移、倾斜、旋转以选择感兴趣的样品区域进行观察分析。样品台有顶插式和侧插式两种,一般高分辨型电镜采用顶插式样品台,分析型电镜采用侧插式样品台。某些具有特定功能的样品台可以对样品进行加热、冷却和拉伸。

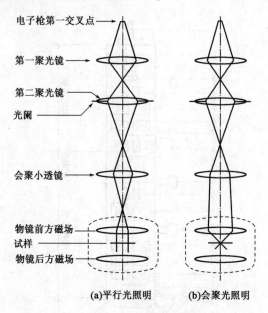

(a)平行光照明　　(b)会聚光照明

图2-6-2　聚光镜光路图

(3)成像系统。

透射电镜的成像系统由物镜、中间镜(一级或两级)和投影镜(一级或两级)组成,其基本功能是将衍射花样或图像投射到荧光屏上,如图2-6-3所示。经过聚光镜得到的平行电子束照射到样品上,穿过样品后就带有反映样品特征的信息,经物镜和反差光阑作用形成一次电子图像,再经中间镜和投影镜放大一次后,在荧光屏上得到一幅高放大倍率的图像。

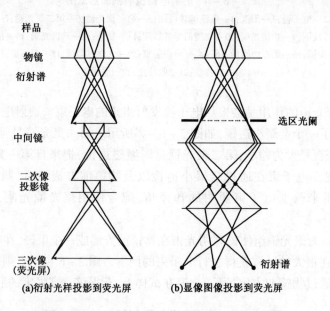

(a)衍射光样投影到荧光屏　　(b)显像图像投影到荧光屏

图2-6-3　透射电镜成像系统的两种基本操作

(4)观察和记录系统。

观察和记录系统位于投影镜下方,包括观察室和照相机构。观察室内的荧光屏用发黄绿色光的硫化锌镉类荧光粉制作,在电子束照射下,呈现出与样品的组织结构相对应的电子图像,从而将肉眼看不到的电子图像转化为可见图像。照相机构是一个装在荧光屏下面,可以自动收发底片的照相暗盒。传统的照相方法是通过胶片记录图像信息的,现在大多数透射电子显微镜都在平板照相机下方安装满扫 CCD(charge-coupled device),即科学级的数码照相机,免去了冲洗底片等繁复的工作,使得透射电镜的使用效率和效能大幅提升。

2)真空系统

对透射电子显微镜来说,凡是镜筒内电子运行的区域都应该具有尽可能高的真空度,否则高速运动的电子就会与气体分子产生电离。一方面会引起电子束不稳定,使得图像发生抖动;另一方面,它会使灯丝发生氧化,使得灯丝寿命大幅缩短。此外,它还会使样品受到污染。为了确保电子光学系统的正常工作,真空系统能不断排除镜筒内的气体,使镜筒内真空度保证在 10^{-3}Pa 以上,现代一些真空系统的真空度能达到 $10^{-7} \sim 10^{-8}$Pa。

3)供电系统

透射电镜的供电系统分为两部分:一个是供给电子枪的高压部分,另一个是供给电磁透镜的低压稳流部分。电源的稳定性是电镜性能好坏的一个极为重要的标志。加速电压和磁透镜电流不稳将会使电子光学系统产生严重色差,并降低电镜的分辨本领。所以对供电系统的要求是产生高稳定的加速电压和各透镜的激磁电流。在所有磁透镜中,物镜又是决定电镜分辨本领的关键,所以物镜激磁电流的稳定度要求也最高。一般要求加速电压和物镜激磁电流稳定度均小于 10^{-6}。

2. 透射电子显微镜的成像原理

显微成像是透射电子显微镜的基本功能之一,它是对样品选择的特定区域进行成像的操作,简称成像。按照成像时的光路不同,显微成像又分为高放大倍率成像、中放大倍率成像和低放大倍率成像三种方式。

(1)高放大倍率成像。在这种成像方式中,物镜成像于中间镜之上,中间镜以物镜形成的一次像为物,成像于投影镜之上,投影镜以中间镜形成的二次像为物,成像于荧光屏上,其光路如图 2-6-4(a)所示。这种成像方式可以获得几万至几十万放大倍率的电子像。若经过三级放大后总的放大倍率为 M,则

$$M = M_o \cdot M_i \cdot M_p$$

式中,M_o、M_i 和 M_p 分别是物镜、中间镜和投影镜的放大倍率。

(2)中放大倍率成像。这种成像方式中,物镜成像于中间镜之下,中间镜以物镜像为"虚物",将其形成缩小的实像,投影镜以这个实像为物,成像于荧光屏上。这种成像方式获得的电子像放大倍率为几千至几万,其光路如图 2-6-4(b)所示。

(3)低放大倍率成像。这种成像方式可以通过减少透镜数量或降低其放大倍率来实现,例如关闭物镜、减弱中间镜激磁强度,这样就直接通过中间镜形成一次像成像于投影镜之上,投影镜以这个一次像为物,成像于荧光屏上,获得几百倍的放大图像,其光路图如图 2-6-4(c)所示。由于这种成像方式放大倍率低,图像视域大,一般可为选择、确定高倍观察区提供帮助。

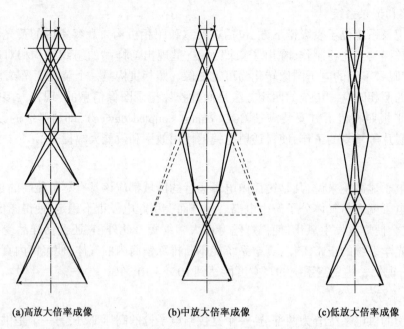

(a)高放大倍率成像　　　　　　(b)中放大倍率成像　　　　　　(c)低放大倍率成像

图2-6-4　透射电镜成像时三种放大方式光路图

3. 透射电子显微镜薄膜样品的制备

由于电子束的穿透能力有限,透射电镜只能观察薄膜样品。合乎要求的薄膜样品必须具备下列条件:(1)薄膜样品的组织结构必须和大块样品相同,在制备过程中,这些组织结构不发生变化;(2)样品相对于电子束而言必须有足够"透明度",因为只有这样,才有可能对样品进行观察和分析;(3)薄膜样品应有一定的强度和刚度,便于制备、夹持和操作;(4)样品制备过程中不允许表面产生氧化和腐蚀。

薄膜样品的制备方法很多,有碳一级复型、碳二级复型、萃取复型、双喷电解、离子减薄等,其中对金属材料普遍采用双喷电解的方法制备薄膜样品。双喷电解法的原理如图2-6-5所示。

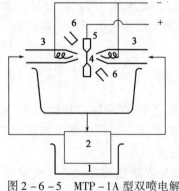

图2-6-5　MTP-1A型双喷电解
减薄仪构造及装配示意图

1—冷却设备;2—泵、电解液;3—喷嘴;
4—试样;5—样品架;6—光导纤维管

此套装置由电解冷却与循环部分、电解抛光减薄部分和样品观察部分三部分组成。

电解冷却与循环部分:通过耐酸磁力泵把低温电解液经喷嘴喷射到样品表面。低温循环电解减薄不会使样品因过热而氧化,同时也可以得到平滑而光亮的薄膜。

电解抛光减薄部分:电解液由磁力泵打出后喷射到样品表面,样品在电解液的作用下不断被减薄,直至最后产生穿孔。

样品观察部分:电解抛光时一根光导纤维管把外部光源传送到样品的一个侧面。当样品刚一穿孔时,透过样品的光通过在样品另一侧的光导纤维传送到外面的光电管,切断电解抛光液流,并发出报警声响。

四、实验方法及步骤

1. 1Cr18Ni9Ti 薄膜样品的制备

（1）切片取样。

用线切割机床从块体试样上切下 0.3～0.5mm 厚的薄片，一次多切几片备用。

（2）预先减薄。

用黏结剂将切下的薄片黏在一块平整度较好的金属块或者玻璃片上，然后用机械减薄的方法把薄片磨到 0.1mm 左右，其具体方法和金相试样磨光过程基本一样。为避免样品变形和升温，研磨时要注水，砂纸粒度要细，用力要轻而均匀。

（3）冲片。

用专用冲样机将磨好的薄片冲成直径为 $\phi3mm$ 的圆片。

（4）双喷电解抛光最终减薄。

把无锈、无油、厚度均匀、表面光洁的样品固定在样品夹具上。将样品夹具放在喷嘴之间，调整样品夹具和喷嘴位置，使样品和喷嘴在同一水平线上，喷嘴与样品夹具距离大约 15mm 左右，并确保光导纤维管对准样品中心。调整电解液流量使之能喷射到样品上。

样品穿孔后应立即把样品夹投入酒精中清洗。然后打开试样夹并用镊子夹住样品边缘，在酒精中漂洗 3～4 次，以避免残留电解液腐蚀金属薄膜表面。

最后得到的是中心带有穿透小孔的薄片样品，可直接在透射电镜下观察到小孔周围的透明区域。

2. 透射电子显微镜下的组织观察

（1）检查电镜冷却循环水箱及空气压缩机是否工作正常。

（2）检查电镜各部分真空指标是否适于实验，打开透镜电源，观察左控制台上 HV 指示灯是否亮起。

（3）确认 CRT 上显示样品位置回"0"，样品台处显示 X、Y 两轴倾转为"0"，按照要求装入样品。

（4）将各透镜开关逐一置 ON。

（5）装样后约 30min，将高压初始值设置到 120kV，按下 HT 键自动加高压至 120kV，然后用 HTS 命令计算机程序加高压至 200kV，稳定 5min。待高压稳定后，操作 LaB_6 灯丝，缓慢增加灯丝电流至饱和位置。

（6）观察灯丝像，调节电子枪倾斜，使灯丝像对称，确定饱和位置。

（7）照明系统对中（spotsize 置 1 时，用 GUN 平移将光斑调至中心，spotsize 置 3 时，用 Bright 平移将光斑调至中心，反复几次）。

（8）2 万倍时，调照明系统补偿。

（9）10 万倍时，调电压中心。

（10）观察样品，选择区域，调节样品取向，消除物镜像散。

（11）使用照相系统拍照，记录像。

(12)工作完毕后,缓慢退灯丝电流,手动退高压至120kV后按动HT键关高压。各透镜开关必须全部置于OFF。

(13)样品平移及倾转全部回零后,取出样品台。

五、实验设备及材料

1. 实验材料

本实验采用1Cr18Ni9Ti来进行薄膜样品的制备和透射电子显微镜观察。

2. 实验设备

(1)JEM-2010型透射电子显微镜。日本电子公司制造的JEM-2010高分辨型透射电子显微镜,可以实现高分辨图像的观察。其主要性能指标为晶格分辨率0.14nm;点分辨率0.23nm;最高加速电压200kV;放大倍数2000~1500000;配有多扫描CCD相机,可以实现透射电镜图像的数字化;样品台最大倾斜角度±35°。可观察的试样种类有:复型样品;金属薄膜、粉末试样;玻璃薄膜、粉末试样;陶瓷薄膜、粉末试样。

(2)MTP-1A型磁力驱动双喷电解减薄仪。

六、实验报告要求

(1)简述双喷电解法制备金属薄膜试样的工艺过程。
(2)简述透射电子显微镜的成像原理。

七、思考题

(1)用于透射电镜观察的薄膜样品应该具备哪些特点?
(2)透射电子显微镜主要由哪几部分组成?

实验7 焊接结构无损检测

一、实验目的

(1)掌握超声波探伤、X射线探伤、磁粉探伤、渗透探伤的原理、探伤方法和应用特点;
(2)掌握射线探伤缺陷评判的基本方法;
(3)熟悉以上几种无损检测方法所用的仪器、设备的结构和使用;
(4)了解焊接缺陷的分类及特征。

二、实验原理

1. 超声波探伤原理

超声波探伤仪的种类繁多,但在实际的探伤过程,脉冲反射式超声波探伤仪应用最为广泛。一般在均匀的材料中,缺陷的存在将造成材料的不连续,这种不连续往往又造成声阻抗的不一致,由反射定理知道,超声波在两种不同声阻抗介质的交界面上将会发生反射,反射回来能量的大小与交界面两边介质声阻抗的差异和交界面的取向、大小有关。脉冲反射式超声波探伤仪就是根据这个原理设计的。

目前便携式的脉冲反射式超声波探伤仪大部分是 A 扫描方式的,A 扫描方式即显示器的横坐标是超声波在被检测材料中的传播时间或者传播距离,纵坐标是超声波反射波的幅值。譬如,在一个钢工件中存在一个缺陷,由于这个缺陷的存在,造成了缺陷和钢材料之间形成了一个不同介质之间的交界面,交界面之间的声阻抗不同,当发射的超声波遇到这个界面之后,就会发生反射(图 2 - 7 - 1),反射回来的能量又被探头接收到,在显示屏幕中横坐标的一定位置就会显示出来一个反射波的波形,横坐标的这个位置就是缺陷在被检测材料中的深度。这个反射波的高度和形状因不同的缺陷而不同,反映了缺陷的性质。

图 2 - 7 - 1　超声波探伤原理示意图

A 型超声波检测仪的工作过程为:仪器的同步电路产生方波,同时触发发射电路、扫描电路和定位电路。发射电路被触发后,激发探头产生一个衰减很快的超声脉冲,这脉冲经耦合传送到工件内,遇到不同介质的界面时,产生回波。回波反射到探头后,被转换成电信号,仪器的接收电路对这些信号进行放大,并通过显示电路在荧光屏上显示出来。

超声波探伤灵敏度是指在确定的探测范围的最大声程处发现规定大小缺陷的能力。有时也称为起始灵敏度或评定灵敏度。通常以标准反射体的当量尺寸表示。实际探伤中,常常将灵敏度适当提高,后者则称为扫查灵敏度或探测灵敏度。调节探伤灵敏度常用的方法有试块调节法和工件底波调节法。试块调节法包括以试块上人工标准反射体调节和水试块底波调节两种方式。工件底波调节法包括计算法、AVG 曲线法、底面回波高度法等多种方式。

2. X 射线探伤原理

X 射线是一束光子流。在真空中,它以光速直线传播,本身不带电,故不受电磁场的影响。它具有波粒二象性。从物理学中,凡具有加速度的带电粒子都会产生电磁辐射。因此当电子在高压电场的作用下,高速运动时,突然撞击到靶面,(会产生很大的负加速度)从而形成了所谓的韧致辐射。简单地说,它是由高速运动的电子撞击靶面而产生的。另一方面,当电子的动能足够大时,将会把靶面原子的内层电子轰击出来,在原位置形成孔穴,而此刻,外层的电子(位于高能级)产生跃迁以填补该孔穴。同时,它将多余的能量以 X 射线的形式放出,形成所谓的标识 X 射线。标识 X 射线的波长是不连续的,它取决于靶面的材料。它通常用于对材料的化学成分进行定性分析。

X 射线具有很强的穿透能力。在媒体的界面,它的折射率很小,几乎为 1,从而可以按几

何方式来计算成像的比例。穿透物体后,射线的强度为

$$I = I_0 \cdot e^{-\mu t}$$

式中,I 为射线透过材料厚度为 t 的强度;I_0 为射线初始强度;μ 为衰减系数;t 为透过层材料厚度。

射线入射强度减弱一半的吸收物质厚度称为半价层。宽容度指胶片有效密度范围对应的曝光范围。在胶片特性曲线上,用接近在线部分的起点和终点在横坐标上相对应的曝光量对数表示,显然梯度大的胶片其宽容度必然小。

为了评价 X 射线在胶片上的成像质量,人们通常用像质计作为检测标准。线型像质计的摆放,应在射线源一边。灵敏度的计算为

$$m = d_i / D_p \times 100\%$$

式中,m 为相对灵敏度;d_i 为金属丝(钢丝)直径;D_p 为工件在 X 射线透视方向的厚度。

射线照相影响质量的基本因素有:黑度、照相对比度、照相不清晰度、照相颗粒度、胶片种类等。

一次透照范围内试件的最大厚度与最小厚度之比大于 1.4,属于大厚度比工件,即变截面工件,对射线照相质量的不利影响主要表现在两个方面:(1)因厚度差较大导致底片黑度差较大,而底片黑度过低或过高都会影响用相灵敏度;(2)厚度变化导致散射 I 增大,产生边蚀效应。为此,可采用特殊技术措施;适当提高管电压技术、双胶片补偿技术。适当提高管电压技术是透照变截工件最常采用的,也是最简便的方法。

3. 磁粉探伤原理

对铁磁性工件磁化时,当工件表面或近表面存在缺陷,由于缺陷处磁导率发生变化,使磁力线受阻而分布不均匀并逸出工件表面,形成漏磁场,由缺陷的形状、大小和缺陷方向与磁场方向之间所成角度等因素确定的漏磁场强度足够大时,能够吸引周围的磁粉聚集于缺陷处,以磁痕的形式把缺陷的形状及大小显示出来,从而达到检测工件表面或近表面缺陷的目的。

磁粉探伤中使用灵敏度试片的目的是检验磁粉探伤的综合性能,估测连续法探伤中工件表面有效磁场强度与方向,并确定磁粉探伤的操作规范。A 型试片 1#、2#、3# 是这样划分的:以厚度 100μm 试片为例,1#槽深为 15μm,2#槽深为 30μm,3#槽深为 60μm,它们表示灵敏度由高至低,顺序为 1#、2#、3#。

通常把磁粉探伤能发现最小缺陷的能力称为磁粉探伤的灵敏度。有时也把磁粉探伤所能发现缺陷的最小尺寸称为磁粉探伤灵敏度。影响磁粉探伤灵敏度的因素有:磁化方法的选择;磁化磁场的大小和方向;磁粉的磁性、粒度、颜色;磁悬液的浓度;试件的大小、形状和表面状态;缺陷的性质和位形;探伤操作方法与步骤是否正确等。

磁粉探伤的磁痕可以分为表面缺陷磁痕、近表面缺陷磁痕和伪缺陷磁痕。表面缺陷泛指各种工艺性质的缺陷,一般情况下,缺陷具有一定的深度或深度比。磁粉在缺陷处堆积较浓、磁痕清晰可见,重复性好。其形状、分布与工艺过程有关。常见的磁痕瘦直、刚劲或呈弯曲线状、网状等。近表面缺陷泛指表面层下的发纹、夹层等线状缺陷。因缺陷未露出表面,漏磁场较弱,磁痕沿金属纤维方向分布,呈细而直的线状,有时微弯曲,端部呈尖形。伪缺陷产生于材质组织不均匀的界面、尺寸突变处、冷作硬化以及成分偏析、磁化电流过大等部位。磁痕聚集呈宽散线状分布,结合工艺可与缺陷磁痕相区别。

缺陷磁痕大体可分为工艺性质缺陷的磁痕、材料夹渣带来的发纹磁痕、夹杂气孔带来的点状磁痕。各种磁痕的特征是:(1)锻造折叠和锻裂,这类缺陷的磁痕聚集较浓,呈弧状或曲线状,呈现部位与工艺有关,多出现在尺寸突变处,易过热部位或在预锻拔长过程中形成对折。

(2)淬火裂纹,磁痕形状浓度较高、线状棱角较多。多发生在零件应力容易集中的部位(如孔、键、槽以及截面尺寸突变处)。(3)磨削裂纹,一般呈网状或平行线状,有的还会出现龟裂磁痕。(4)焊接裂纹,磁痕多呈弯曲有鱼尾状,尤其焊道边缘的裂纹常因与其边缘下凹所聚集的磁粉相混,不易观察,需将凹面打磨平滑,后仍有磁粉堆积,可作缺陷判断。(5)铸造裂纹,磁痕在应力大的部位裂开,形状较宽。(6)疲劳裂纹,磁痕以疲劳源为起点向两侧发展,一般呈曲线状。(7)白点,磁痕特征一般在圆的横断面一定距离等圆周部位分布,呈现无规律的较短线状。(8)发纹,材料夹渣在轧制过程中沿轴向形成的缺陷。磁痕沿金属纤维方向呈直线或微弯的形状。(9)点状或片状与夹杂气孔缺陷,单个或密集的点状或片状出现。

4.渗透探伤原理

渗透探伤的基本原理是利用毛细管现象使渗透液渗入缺陷,经清洗使表面渗透液去除,而缺陷中的渗透液残留,再利用显像剂的毛细管作用吸附出缺陷中残留渗透液,而达到检验缺陷的目的。

渗透探伤适用于钢铁材料、有色金属材料和陶瓷、塑料、玻璃等非金属材料的表面开口缺陷的检查,尤其是表面细微裂纹的探伤,但不适用于多孔性材料的探伤。常用的渗透探伤方法分类:着色法(水洗型、后乳化型和溶剂清洗型着色渗透探伤);荧光法(水洗型、后乳化型和溶剂清洗型荧光渗透探伤)。

渗透探伤显示的迹痕可分为真实迹痕、无关迹痕和伪缺陷迹痕三类。真实迹痕——焊接裂纹、铸造冷隔、锻造折叠、板材分层、棒材发纹、疲劳裂纹等;无关迹痕——刻痕、划痕、铆接印、装配压痕、键槽、花键等;伪缺陷迹痕——手指纹印、渗透液滴印、纤维绒毛印等。

裂纹种类很多,就焊接裂纹而言,可分为热裂纹和冷裂纹两类。热裂纹显示一般呈曲折的波浪状或锯齿状的细线条迹痕,火口裂纹(热裂纹的一种)则呈星状,较深的火口裂纹有时因渗透液回渗较多使显示扩展而呈圆形。冷裂纹显示一般呈直线状细线条迹痕,中部稍宽,两端尖细而颜色(或亮度)逐渐减淡最后消失。对于铸造裂纹也分为热裂纹和冷裂纹两类,显示特征与焊接裂纹相同。但较深的铸造裂纹由于渗透液回渗较多而失去裂纹外形,有时呈圆形显示。用酒精擦去显示部位,就可清楚显示出裂纹的外形特征。淬火裂纹一般起源于刻槽、尖角等应力集中区域,一般呈现为细线条迹痕,裂纹起源处的宽度较宽,逐渐变得尖细。磨削裂纹的显示出现在一定范围内,一般呈断续线条,有时也呈网状条纹。气孔的外形不同,渗透探伤显示的形状也不同,圆形和椭圆形气孔的显示也呈圆形和椭圆形,密集性气孔可能呈一定面积性的块状显示,链状气孔可能呈一定长度的长条形宽线条显示。由于回渗严重,一般铸造气孔缺陷迹痕会随显像时间的延长而迅速扩展。未焊透呈一条连续或断续的线条显示,线条宽度较均匀,并且取决于焊件的预留间隙(根部间隙)。坡口未熔合延伸到表面时能被渗透探伤发现,其显示常为线状条纹,有长有短,呈断续状。有时较直,有时呈弯曲状,但总体分布呈一条直线状。层间未熔合则一般不能被渗透探伤所发现。冷隔显示为连续或断续的光滑线条。折叠显示为连续或断续的光滑线条。

三、实验内容及步骤

1.超声波探伤

1)直探头测定缺陷位置

(1)认真阅读超声波探伤仪使用说明书,熟悉仪器面板上各旋钮名称、功能和仪器使用方法。

(2)底波声程 S_B(试块厚度 H)与底波屏程 S_{BP}(底波与始波在荧光屏固定标尺上的距离读数)比例关系 $\alpha = S_B/S_{BP}$ 的确定。

①将直探头与超声波探伤仪连接。

②将超声波探伤仪面板上"工作方式"旋钮置于"1"。将"衰减器"旋钮调至 40dB 左右。旋动"脉冲移位"旋钮,将始波 T 置于荧光屏固定标尺上 0 刻度位置。

③用钢尺测量待探伤工件厚度,选择与其厚度相近的标准试块(CS-1-5 试块、CSK-ⅡA 试块)。

④根据待探伤工件厚度,选择"深度范围"的量程。

⑤在所选择的标准试块下方没有小孔的位置上表面涂上耦合剂(机油)。

⑥将直探头置于标准试块下方没有小孔的位置上表面。

⑦反复旋动"脉冲移位"旋钮与"深度微调"旋钮,使底波 B_1、B_2 在荧光屏固定标尺上的位置 S_{BP} 与试块厚度 H 为 1:1 或 1:10 或 1:2 的关系(即 $\alpha = S_B/S_{BP} = 1$,或 $\alpha = 10$,或 $\alpha = 2$)。调整衰减器上 dB 值,使底波 B_2 高度约为荧光屏高度的 10%~20% 为宜。

(3)测定缺陷位置。

①在工件上表面涂上耦合剂。

②将"衰减器"旋钮调至 20dB 左右。

③将直探头置于工件上表面,Z 型移动探头,找出缺陷回波 F_1、F_2。注意"脉冲移位"旋钮与"深度微调"旋钮保持测定 α 时的位置不变。调整衰减器上 dB 值,使底波 F_2 高度约为荧光屏上高度的 10%~20% 为宜。注意虚假波的识别。

④记录缺陷回波在荧光屏上的位置 S_{FP},计算缺陷深度位置 h_F($h_F = \alpha \cdot S_{FP}$)。

⑤描绘此状态下的回波图,注意标出各回波在荧光屏固定标尺上的刻度值,虚假波略去。

⑥重复步骤①~⑤,分别测定 CSK-ⅡA 试块上小孔 N_1、N_2 在 X 方向、Z 方向的位置(图 2-7-2),并绘出其回波图。

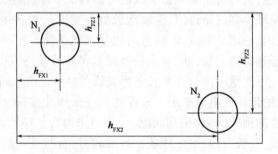

图 2-7-2　CSK-ⅡA 试块上小孔 X 方向、Z 方向位置图

N_1、N_2 为 CSK-ⅡA 试块上的小孔;h_{FX1}、h_{FZ1} 分别为 X 方向和 Z 方向小孔 N_1 中心位置距离试块表面的深度;h_{FX2}、h_{FZ2} 分别为 X 方向和 Z 方向小孔 N_2 中心位置距离试块表面的深度

2)斜探头 K 值测定

(1)将斜探头与超声波探伤仪连接。

(2)将超声波探伤仪面板上"工作方式"旋钮置于"1"。将"衰减器"旋钮调至 40dB 左右。旋动"脉冲移位"旋钮,将始波 T 置于荧光屏固定标尺上 0 刻度位置。

（3）用钢尺测量 CSK－ⅡB 标准试块高度,见图 2－7－3。

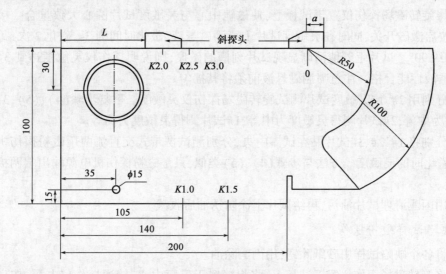

图 2－7－3　CSK－ⅡB 试块示意图

（4）根据 CSK—ⅡB 标准试块高度,选择"深度范围"的量程。

（5）在 CSK—ⅡB 标准试块上表面 $R50$、$R100$ 的圆心附近涂上耦合剂。

（6）将斜探头置于标准试块 CSK－ⅡB 上表面 $R50$、$R100$ 的圆心附近,旋动"深度范围"旋钮,使 $R50$、$R100$ 的回波处于荧光屏中部。

（7）纵向移动探头,使 $R50$、$R100$ 的回波等高,横向移动探头,使 $R50$、$R100$ 的回波达到最高。注意:①调整衰减器上 dB 值,使 $R50$、$R100$ 的回波最高高度约为荧光屏高度的 80% 为宜。②移动探头时应使探头侧面与试块平行。③探头按压在试块上表面的力度要均匀。此状态下,斜探头入射点与 $R50$、$R100$ 的圆心重合。

（8）此状态下,测量斜探头入射点到探头前沿距离 a,并记录。

（9）在 CSK－ⅡB 标准试块上表面斜探头标出的 K 值附近位置涂上耦合剂。

（10）将斜探头置于 CSK－ⅡB 标准试块上表面斜探头标出的 K 值附近位置,旋动"深度范围"旋钮,使左侧圆孔的回波处于荧光屏中部。

（11）横向移动探头,使左侧圆孔的回波达到最高。注意:①调整衰减器上 dB 值,使左侧圆孔的回波高度约为荧光屏上高度的 80% 为宜。②移动探头时应使探头侧面与试块平行。③斜探头发射的声波为左侧圆孔的圆心。

（12）此状态下,测量斜探头前沿至试块侧边的距离 L,并记录。

（13）斜探头 K 值的计算:$K = \tan\beta = (L + a - 35)/30$(斜探头标出的 K 值为 2.0 ~ 3.0 时);或 $K = \tan\beta = (L + a - 35)/70$(斜探头标出的 K 值为 1.0 ~ 1.5 时)。

2. 磁粉探伤

1）检验探伤设备的灵敏度及磁悬液的性能

（1）分别用天平、量筒称量磁粉、煤油,配制浓度为 20g/L 的磁悬液,倒入磁粉喷涂器。

（2）将无缺陷试板、试棒用砂纸除锈,用丙酮除油。将灵敏度试片用丙酮除油。

（3）接好探伤仪连线。

（4）将 3# 灵敏度试片用胶带纸紧密贴在试板中心。注意刻有槽的一面朝下。胶带纸贴在试片两边缘,不要影响试片背面的刻槽部分。

(5)将旋转磁场探伤仪置于试板上,使磁轭中心与灵敏度试片圆心大致重合。接通探伤仪电源,按启激磁开关,同时在灵敏度试片上喷洒磁悬液,磁化时间为3s,磁化2次,每次磁化方向相差约90°。试片上若能清晰显现试片刻槽的磁痕,则说明探伤仪灵敏度达到3#灵敏度标准,磁悬液性能合格。注意喷洒磁悬液前须将其摇匀。

(6)分别用2#、1#灵敏度试片测试旋转磁场探伤仪灵敏度。重复步骤(4)、(5),3#试片测得灵敏度为中等,2#试片测得灵敏度为中等,1#试片测得灵敏度为高等。

(7)分别将1#、2#、3#试片贴在试棒中央,分别测试携带式交直流两用磁粉探伤机纵向磁化、周向磁化时的灵敏度。方法与步骤(4)、(5)类似,只是磁粉探伤机电源输出端两极与试棒两端相接。

(8)用丙酮清理试片油污,再给试片上涂防锈油后收藏。

2)缺陷试样磁粉探伤

(1)将各个缺陷试样用砂纸除锈,用丙酮除油。

(2)将旋转磁场探伤仪置于试板上,将焊缝置于磁轭中心;接通探伤仪电源,按启激磁开关,同时在焊缝上喷洒磁悬液,磁化时间为3s,为使横向裂纹和纵向裂纹都能检测到,相隔90°方向各磁化一次,为加强磁化效果,每个方向应磁化两次。

(3)观察试板上显现的焊接缺陷磁痕,绘制磁痕图。

(4)用携带式交直流探伤仪对缺陷试棒探伤:将磁粉探伤机电源输出端两极与试棒两端相接。分别采用纵向磁化法、周向磁化法磁化试棒,先打开电源开关和磁化开关,再给试样焊缝区域或焊缝两侧喷洒磁悬液,喷洒磁悬液后3~5s关断磁化开关和电源开关。

(5)观察试棒上显现的缺陷磁痕,绘制磁痕图。

(6)用丙酮、棉纱等清理试块。

3)试样及试片退磁

(1)将便携式交直流两用磁粉探伤机交流电源输出电缆两极用螺栓短接,将电缆在退磁架上绕6圈。

(2)打开磁粉探伤机电源开关和退磁开关,分别将各试样、试片从退磁架线圈中心旋转通过退磁。注意:通过速度要缓慢,通过距离始末端为退磁架两端约20cm处,通过时间约30s。还要注意,电缆两极短接后通电时间不能过长,否则会烧坏磁粉探伤机。因此,每退磁3个试样,就关断磁粉探伤机退磁开关一次,间隔3分钟后再继续退磁。

(3)用指南针检测退磁效果。若指南针靠近试块时,指南针偏离角小于15°,则可以认为退磁达标。

3.渗透探伤

(1)用清洗剂预清洗试块表面。

(2)待试块表面清洗剂蒸发后,用渗透剂喷涂试块表面,保持湿润约5~10min。注意喷涂距离为200mm左右,喷涂一气呵成。

(3)用棉纱擦去试块表面渗透剂,用柔水侧冲清洗试块表面。再用药棉轻轻擦除试块表面水渍或再给试块表面喷涂少许清洁除水。注意清洁剂喷涂量不能过多,喷涂距离为200mm左右。

（4）给试块表面喷涂显像剂，注意喷涂前摇匀显像剂以及喷涂量、喷涂距离须合适。

（5）待试块表面显像剂干燥后检验缺陷痕迹。

（6）描绘缺陷痕迹。

（7）用清洁剂去除显像剂。

4. X 射线探伤评片

（1）按规定标准，检查底片标记是否符合标准要求。

（2）核对底片黑度和灵敏度是否达到标准要求。

（3）测定缺陷长度，点状缺陷的换算，按标准评定出底片级别，并做记录。

（4）填写报告。

四、实验设备及材料

（1）超声波探伤仪（CTS－22），1 台；

（2）超声波探伤标准试块（CSK－Ⅰ、CSK－ⅡA、CS－1－5），各 1 块；

（3）X 射线评片机，1 台；

（4）旋转磁场探伤仪（DCT－E），1 台；

（5）携带式交直流两用磁粉探伤机（CEX－500），1 台；

（6）A 型磁粉探伤灵敏度试片，1 套；

（7）渗透探伤剂，1 套；

（8）渗透探伤标准试块，2 块；

（9）典型缺陷试样，1 套；

（10）典型缺陷 X 射线照片，1 套；

（11）天平、量筒、磁粉喷涂器、指南针、钢板尺、扳手等；

（12）黑色磁粉、煤油、机油、防锈油、丙酮、胶带、砂纸、药棉、棉纱等。

五、实验数据整理及结果分析

（1）整理及绘制超声探伤缺陷回波图，整理及绘制磁粉探伤灵敏度试片磁痕图，注明最高等级的灵敏度试片号码。整理及绘制磁粉探伤缺陷磁痕图、渗透探伤试块的缺陷图。

（2）提交超声检测试块上小孔 N_1、N_2 在 X 方向、Z 方向位置 h_{FX}、h_{FZ} 的计算方法及数据。提交斜探头数据 a、L、K 数据及 K 值计算方法。

（3）提交射线探伤评片报告。

（4）分析磁粉探伤与渗透探伤两种探伤方法的特点。

（5）操作细节、体会总结。

六、思考题

（1）超声波探伤时，如何判断缺陷的虚假回波？

（2）为何要对磁粉探伤后的工件进行退磁处理？

第三章

焊接实验

实验1 焊接热循环的测量

一、概述

在焊接过程中热源沿焊件移动时,焊件上某点温度随时间而变化的规律称为焊接热循环。它是用来描述焊接过程中热源对焊件上某一点的热作用过程的,可用 $T=f(x,y,z,t)$ 这一函数关系来描述。按此关系画出的曲线称为该点的热循环曲线。常用于描述焊接热循环曲线特征的主要参数有:加热速度、最高加热温度、高温停留时间和冷却速度等。

焊件各点距焊缝位置不同,受到焊接热的作用不同,因此其热循环曲线也就不同。图 3-1-1 为低合金钢手工电弧焊时,焊件上热影响区不同位置处的焊接热循环曲线。由图可知,据焊缝越近的各点,最高加热温度越高;据焊缝越远的各点,最高加热温度越低。

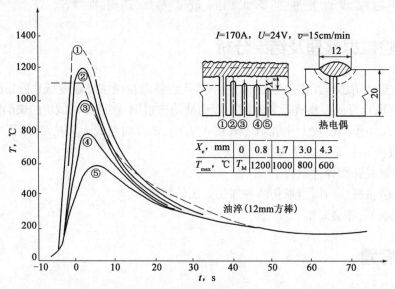

图 3-1-1 低合金钢手工电弧焊时焊接热影响区不同位置处的焊接热循环曲线

X_e—距焊缝距离,T_{max}—最高加热温度

由此可见,焊接是一个不均匀的加热和冷却过程。在此过程中,焊接接头热影响区的金属实际上经受了不同的热处理,因而产生了不同的相变、晶粒长大、应力、应变等,以至最终热影响区各区域组织及性能也大不相同。测定焊接接头热影响区各区域的热循环曲线,研究其加热速度、最高加热温度、高温停留时间和冷却速度可以间接判断其组织和性能、内应力情况及脆性区、塑性区的范围,这对了解热影响区组织和性能变化规律具有重要意义。正确控制焊接热循环主要参数,对控制焊接接头组织、改善其性能、提高接头质量也意义重大。

二、实验目的

(1)了解焊接热循环曲线的特征和主要参数;
(2)了解焊接方法、焊接规范对焊件热循环曲线的影响;
(3)掌握一种测定焊接热循环曲线的方法。

三、实验原理

焊接热循环曲线可以借助焊接热过程的理论公式 $T = f(x, y, z, t)$ 计算出,但由于计算时所采用的假定边界条件与实际焊接条件出入比较大,计算所得的理论热循环曲线与实际测得的曲线仍有较大的误差,故在实际上更多的是用实测的方法来获取热循环曲线。

测定焊接热循环的方法,大体上可以分为非接触式和接触式两类。

在非接触式测定法中,近年来发展了红外测温及热成像技术。这种方法的实质是从弧焊熔池的背面摄取温度场的热像及红外辐射能量分布图,然后把热像分解成许多像素,通过电子束扫描实现光电和电光转换,在显像管屏幕上获得灰度等级不同的点构成的图像,该图像间接反映了焊接区的温度场变化,经过计算机图像处理和换算便可得出某一瞬间或动态过程的真实温度场。这种测定方法的优点是测定装置不直接接触被测物体,不会搅动和破坏被测物体的温度和热平衡,响应时间快、灵敏度高,并且可以连续测温和自动记录。目前在国内已开展了这一方面的研究,但由于这种测定法需要较复杂的设备和技术,所以尚未大量推广。

另一种方法为接触测温,目前最常用的是热电偶测温。测温时把热电偶的热结点焊在被测点上,热电偶的另一端接在 $X—Y$ 函数记录仪或其他电量记录仪器上,焊接时热结点受热产生热电势,这个电势作为 $X—Y$ 函数记录仪的输入信号,经放大后由记录仪的记录笔自动记录下来,然后利用热电势—温度换算表,即可得到被测点的热循环曲线。这种测温方法由于热电偶的连接,会影响到被测物体的温度和热平衡,有时将降低测温的精确度,而且由于记录仪的机械惰性等原因,对于微小体积的快速温度变化响应速度也慢。但是,它的突出优点是简单、直观,测出的温度有一定的精确性,因而仍是目前主要的测温方法。

本实验采用热电偶测温方法来获得热循环曲线。

四、实验内容及步骤

焊接热循环曲线测量接线图如图 3 − 1 − 2 所示。

焊接热循环曲线测量内容为:分别将两组热电偶丝的一端焊在试板背面的两个测温点上,另一端与 $X—Y$ 记录仪输入端连接;分别采用 TIG 焊方法、手工电弧焊方法焊接试板;当电弧在试板表面移动时,热电偶将两个测温点产生的热电势输入给 X—Y 记录仪,X—Y 记录仪则绘出两个测温点的焊接热循环曲线。它们实际上为这两点的热电势—时间曲线。

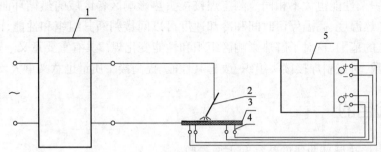

图 3 - 1 - 2　焊接热循环曲线测量示意图

1—焊机;2—焊枪;3—试板;4—热电偶;5—X—Y 记录仪

试板测温点应设置在离起弧处不小于 80mm 的位置,以便测定时该点已处于准稳定状态的温度场。测点离熔合线越近,则在焊接过程中所达到的最高温度也越高。表 3 - 1 - 1 给出了采用手工电弧焊时,距熔合线不同距离各点所测得的最高温度。

表 3 - 1 - 1　手工电弧焊时测温点位置与最高温度的关系

最高温度 T_m,℃	熔点	1200	1000	800	600
测温点距熔合线的距离,mm	0	0.8	1.7	3.6	4.7

实验步骤如下:

(1)用划针在试板正、反面分别画出焊道位置及测温点 A、B 点位置(A 点在焊道中心,B 点距焊道中心 2mm)。

(2)用砂轮打磨机打磨试板上测温点位置。

(3)把两组、4 根镍铬—镍硅热电偶丝的一端端头分别用热电偶焊机点焊在试板背面 A、B 点处。

(4)用磁铁鉴别热电偶丝性质(镍铬丝无磁性,镍硅丝有磁性);通过导线将镍铬热电偶丝的一端与 X—Y 记录仪输入端正极相连接,镍硅热电偶丝一端与 X—Y 记录仪输入端负极相连接;将焊机电缆与工作台相连,如图 3 - 1 - 2 所示。

(5)对照镍铬—镍硅热电偶电势—温度换算表,估算出最大热电势,调节 X—Y 记录仪灵敏度量程旋钮,选择合适的灵敏度量程。

(6)调节 X—Y 记录仪走笔速度旋钮,选择合适的走纸速度。

(7)在记录纸上画出纵坐标及横坐标、900℃、800℃、500℃、室温及 350℃ 位置。

(8)将记录笔起始点置于纵坐标为室温的点上。

(9)按照表 3 - 1 - 2 所列的焊接方法及焊接规范参数进行试验。

表 3 - 1 - 2　焊接规范参数

试板编号	焊接方法	钨极(焊条)直径,mm	焊接电流,A	电弧电压,V	焊接速度,cm/s
1	手工电弧焊	2.5	60	20 ~ 25	0.3
2	手工电弧焊	2.5	50	20 ~ 25	0.3
3	TIG 焊	2.0	60	12 ~ 14	0.19
4	TIG 焊	2.0	60	12 ~ 14	0.21

（10）当电弧移动至试板时，启动 $X—Y$ 记录仪走笔开关，进行热循环曲线记录。焊接停止后且待两个测点温度都低于预定值（350℃）时停止热循环曲线记录；当电弧移动至试板时，开始记录焊接时间。

（11）焊后测量焊道长度。

（12）焊后测量测温点距焊道中心的距离。

五、实验设备及材料

（1）钨极氩弧焊机，1 台；

（2）手工电弧焊机，1 台；

（3）自动焊小车，2 台；

（4）热电偶点焊机，2 台；

（5）镍铬—镍硅热电偶丝，4 对；

（6）$X—Y$ 函数记录仪，2 台；

（7）试板（A₃钢 100mm×200mm×2.5mm），4 块；

（8）引弧板（A₃钢 40mm×60mm×2.5mm），4 块；

（9）电焊条、氩气，若干；

（10）秒表、钢尺、划针、记录纸、胶布、石棉、砂轮打磨机等。

六、实验数据整理及结果分析

（1）根据记录纸上获得的热循环曲线，查询镍铬—镍硅热电偶电势—温度换算表，把记录纸上纵坐标所代表的电势换算成温度，且标出最高加热温度 T_{max}、900℃、800℃、500℃位置；

（2）将整理后的各组实验数据记录于表 3 - 1 - 3 中；

（3）对比实验结果，分析焊接电流、焊接速度对焊接热循环曲线的影响以及对焊件金属组织的影响；

（4）对比实验结果，分析焊接方法对热循环曲线的影响以及对焊件金属组织的影响。

七、思考题

实验误差分析。

表 3 - 1 - 3　实验数据

试板编号	测温孔号	测温点距焊道中心距离，mm	T_{max}，℃	加热至最高温度所需时间，s	900℃以上停留时间，s	800～500℃冷却时间，s	焊接线能量 J/cm
1	A						
	B						
2	A						
	B						

试板编号	测温孔号	测温点距焊道中心距离,mm	T_{max},℃	加热至最高温度所需时间,s	900℃以上停留时间,s	800~500℃冷却时间,s	焊接线能量J/cm
3	A						
	B						
4	A						
	B						

实验2　焊缝金属中扩散氢含量的测定

一、概述

在焊接过程中,液态金属所吸收的大量的氢,一部分在熔池结晶过程中逸出,一部分来不及逸出而留在固态金属中。

焊缝中的氢大部分是以原子或离子状态存在的。由于氢的原子和离子半径都很小,所以其中一部分氢可以在焊缝金属的晶格中自由扩散,也可逸出焊缝,称为扩散氢。还有一部分氢扩散聚集到金属的晶格缺陷、显微裂纹及非金属夹杂物边缘的空隙中,结合成氢分子。因其半径增大,不能自由扩散,称为残余氢。

焊缝中的氢可产生许多有害作用。一类是暂态现象,如脆性、白点、硬度增高等;一类是永久现象,如气孔、组织改变、显微斑点及危险性极大的冷裂纹等。氢致缺陷能明显降低金属强度、韧性及疲劳强度或直接导致焊件破坏。

焊接时氢主要来自焊接材料中的水分、电弧周围的空气、焊丝、母材表面的油污铁锈等含氢物质。焊缝金属的含氢量除与焊丝、焊件的清理质量、焊条的烘干情况、工件的预后热情况、环境湿度及温度等因素有关外,还与焊接方法、工艺参数、焊接电流的种类、极性等因素有关。

焊缝金属中扩散氢含量的测定,是评定焊接材料内在质量的重要指标之一,也是进行氢对焊接接头影响研究的重要依据,测定方法及其测量精度对材料氢致缺陷的研究具有重要意义。

二、实验目的

(1)了解手工电弧焊时,影响焊缝金属中扩散氢含量的因素;
(2)掌握一种测定焊缝金属中扩散氢含量的方法。

三、实验原理

测定焊缝金属中扩散氢含量的方法有液体置换法(包括水银法、甘油法、乙醇法)、排液法、色谱法、真空法、硅油置换法等多种。水银法是国际标准中规定的方法,它准确、可靠,但有毒且有污染;甘油法、乙醇法操作方便、无污染,但精度低;色谱法、真空法精度高、无污染,但仪器价格昂贵、操作复杂。本次实验采用排液法,该法具有精度高、操作方便、仪器价廉、无公害等优点。

排液法所用测定器结构如图3-2-1所示,为一密封的连通器。实验时先在测定器中注入测定介质——甘油,放入恒温箱中,加热至实验温度318K保温待用。而后焊接试件,焊后将试件立即冷却、除水放入测定器中,盖好有橡皮密封圈的内盖,再旋紧外盖,以保证测定器的筒体密封。此时只有与连通管连接的读数管与外界大气相通。此后再立即将测定器置于318K的恒温箱中,记录测定器读数管中甘油液面的初始读数。随着试件焊缝中的扩散氢不断逸出,将同体积的甘油排入读数管内,因此,读数管内液面不断上升。经过24h,扩散氢基本不再逸出,此时记录读数管甘油液面终了读数,再进行简单换算,就可得出标准状态下焊缝金属中扩散氢含量的数值。

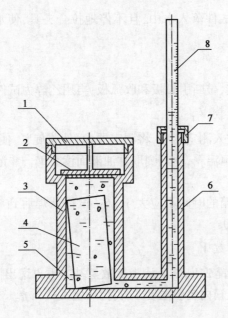

图3-2-1 排液法测定器装置结构示意图

1—外盖;2—内盖;3—筒体;4—试件;5—甘油;6—连通器;7—密封螺母;8—读数管

四、实验内容及步骤

1. 实验内容

实验包括以下内容:

(1)用未烘焙的 E4303 焊条,在直流反接下堆焊,测氢;

(2)用未烘焙的 E5015 焊条,在直流反接下堆焊,测氢;

(3)用烘焙加热到 200℃、保温 2h 的 E4303 焊条,在直流反接下堆焊,测氢;

(4)用烘焙加热到 350℃、保温 2h 的 E5015 焊条,在直流反接下堆焊,测氢。

每种情况做三个试件。

2. 实验步骤

1）焊前准备

（1）将试板、引弧板、熄弧板用钢丝刷和砂纸除锈，再用丙酮除油；称出试板原始重量 W_1（精确到 0.1g）；再放入烘箱中加热 200℃、保温 2h 去氢。

（2）将 6 根 E4303 焊条烘焙加热 200℃、保温 2h；将 6 根 E5015 焊条烘焙加热 350℃、保温 2h。

2）焊接

将试板、引弧板、熄弧板各一块置于水冷夹具上进行堆焊，焊接时采用短弧焊，不允许中间断弧，焊接规范 1～3 组为 $I = 160A$；4 组为 $I = 150A$；$U = 21～23V$；$v_{焊} = 80mm/min$。

3）水冷

焊后立即拉开夹具，使试件落入水中，且不停地拉合夹具，使水下铜网中试件摆动冷却，10s 后取出试件。

4）清理

迅速敲除试件上的药皮，敲断引弧板和收弧板；再用乙醇为试件除水，用冷风吹干试件。

5）测甘油液面初始读数 V_{h1}

将清理好的试件迅速放入测定器中，将测定器内、外盖旋紧，使甘油液面高于玻璃读数管的 0 刻度；再将测定器放入恒温箱，立刻测取甘油液面读数 V_{h1}，并记录；同时，记录测定器放入恒温箱的时间。

注意，测定器拿出恒温箱的时间不应大于 15s，试件从焊后到放入测定器，读出甘油液面初始读数的时间不应大于 60s。

6）测甘油液面终了读数 V_{h2}

试件在 318K 恒温下放置 24h，则可认为扩散氢基本不再逸出。此时可测取、记录甘油液面终了读数 V_{h2}，并记录恒温箱内实验温度 T、实验环境大气压 p。

7）称重

把试件从测定器中取出，清洗干净、吹干，再称出试件焊后重量 W_2（精确到 0.1g）。

五、实验设备及材料

（1）扩散氢测定仪（KQ - ⅢS 型），1 台；

（2）手工电弧焊机（直流），1 台；

（3）水冷焊接夹具（自制），1 台；

（4）烘箱，1 台；

（5）天平秤（感量 0.1g），1 台；

（6）试板（A_3 钢 70mm×20mm×10mm），12 块；

（7）引弧板、熄弧板（A_3 钢 40mm×20mm×10mm），24 块；

（8）电焊条（E4303ϕ4mm；E5015ϕ4mm），各 12 根；

(9)温度计、气压表、吹风机、锤子、钳子、镊子、瓷盘、砂纸、丙酮和乙醇等。

六、实验数据整理及结果分析

1．实验数据整理

（1）填写表3-2-1。

表3-2-1　焊缝中扩散氢含量测定数据表

测定器编号 实验条件	1	2	3	4	5	6	7	8	9	10	11	12
焊条牌号												
电流种类及极性												
焊接电流 I, A												
焊条烘干情况												
焊前试板重量 W_1, g												
焊后试件重量 W_2, g												
液面初始读数 V_{h1}, mL												
液面终了读数 V_{h2}, mL												
试件入水时间, s												
试件入测定器时间, s												
试件 $[H]_{扩}$, mL/100g												
各组 $[H]_{扩}$ 平均值, mL/100g												

（2）数据处理。

用式（3-2-1）计算出每个试件在标准状态下（273K，760mm 汞柱）、100g 熔敷金属中析出的扩散氢含量 $[H]_{扩}$：

$$[H]_{扩} = \frac{p \cdot (V_{h2} - V_{h1}) \cdot T_0}{p_0 \cdot (W_2 - W_1) \cdot T} \times 100 \qquad (3-2-1)$$

式中　$[H]_{扩}$——标准状态下 100g 熔敷金属中扩散氢的含量，mL/100g；

p——实验环境大气压，mmHg；

V_{h1}——甘油液面初始读数，mL；

V_{h2}——甘油液面终了读数，mL；

T_0——标准温度，为 273K；

p_0——标准大气压，为 760mmHg；

W_1——试板原始重量，g；

W_2——试板焊后重量，g；

T——实验温度，为 318K。

每种情况下扩散氢含量最终数据取三个试样的扩散氢含量的平均值 $\overline{[H]_{扩}}$：

$$\overline{[H]_{扩}} = \frac{[H]_{扩1} + [H]_{扩2} + [H]_{扩3}}{3} \qquad (3-2-2)$$

2. 实验结果分析

将四种情况的数据进行比较,分析其产生原因;综述影响[H]$_{扩}$的因素。

七、思考题

(1)长弧焊和短弧焊时测出的[H]$_{扩}$是否可能相同? 原因是什么?

(2)焊后将试件立即投入水中的目的是什么?

实验3 焊接冶金综合实验

一、概述

本实验分为两单元:第一单元为自制手工电弧焊焊条;第二单元对采用自制的电焊条进行结晶裂纹测定和气孔测定试验。

手工电弧焊焊条由焊芯和药皮两部分组成。焊接时,焊芯作为电极起传导和引燃电弧的作用,同时作为填充金属与熔化的母材一起形成焊缝。药皮在焊接时起机械保护、冶金处理和改善焊接工艺性能等作用。正确地设计、制造和选用焊条是获得优质焊缝金属的重要保证。

电焊条一般是在电焊条制造厂以机械化形式大批量生产的。但在科研试制电焊条时,由于电焊条药皮成分复杂,很难用简单的计算方法一次确定,必须通过多次试验、调整,方可确定药皮配方。因此,科研人员常采用手工搓制(或沾制)少量电焊条来进行实验,以缩短生产周期及省工省料。所以学习手工制作电焊条的方法是很有必要的。

裂纹是焊接生产中比较普遍而又十分严重的缺陷,它不仅会使焊件成为废品,而且有可能带来灾难性的事故。对裂纹进行测定,研究其产生机理、影响因素,从而采取防止措施,对提高焊接结构的安全性和寿命很有意义。

在焊接过程中高温下产生的裂纹称为热裂纹。热裂纹又分为结晶裂纹、液化裂纹和多边化裂纹等。

在焊缝结晶过程中,某些气体来不及逸出而残存在焊缝中就形成了气孔。气孔显著降低了焊缝的强度和塑性,在动载下,特别是在交变载荷下,它还显著降低了焊缝的疲劳强度。

形成气孔的气体有氮、氢、氧、一氧化碳和水蒸气等,本实验仅对氢气孔和一氧化碳气孔的形貌、影响因素等进行研究。

二、实验目的

(1)了解电焊条药皮中各成分和杂质对焊接结晶裂纹和气孔的影响,以及对焊接工艺性能的影响;

(2)掌握手工搓制电焊条的方法;

（3）了解焊缝中的结晶裂纹和两类气孔的形貌及其产生机理；

（4）掌握测定结晶裂纹和气孔的实验方法。

三、实验原理

研究一种新型电焊条，难点在于电焊条药皮配方的设计。改变药皮中某种成分或改变某成分剂量，都可能使电焊条的机械保护、冶金处理或工艺性能发生改变。药皮材料的作用如表 3 - 3 - 1 所示。

表 3 - 3 - 1　药皮材料的作用

药皮材料	主要成分	造气	造渣	脱氧	合金	稳弧	黏结	成型	增氢	增磷	氧化	脱硫	脱氢
金红石	TiO_2		✓			✓							
钛白粉	TiO_2		✓			✓		✓					
大理石	$CaCO_3$	✓	✓			✓					✓		✓
菱苦土	$MgCO_3$	✓	✓			✓					✓		✓
白云石	$CaCO_3$、$MgCO_3$	✓	✓			✓					✓		✓
石英砂	SiO_2		✓										
长石	SiO_2、Al_2O_3、$K_2O + Na_2O$		✓			✓							
云母	SiO_2、Al_2O_3、H_2O、K_2O		✓					✓	✓				
萤石	CaF_2		✓										✓
锰铁	Mn、Fe		✓	✓	✓					✓		✓	
硅铁	Si、Fe		✓	✓	✓								
钛铁	Ti、Fe		✓	✓	✓								
白泥	SiO_2、Al_2O_3		✓					✓	✓				
水玻璃	SiO_2、Na_2O、K_2O		✓			✓	✓						
碳酸钠	Na_2CO_3		✓			✓							

本实验电焊条药皮配方的设计，旨在了解药皮各成分及杂质对焊缝中的结晶裂纹和气孔的影响，及其对焊接工艺性能的影响。它是在 E4303 和 E5015 电焊条标准药皮配方的基础上，改变某成分，或改变某成分剂量，或有意增加某杂质而设计出的。

本实验所用电焊条药皮成分配方见表 3 - 3 - 2、表 3 - 3 - 3；E4303 和 E5015 电焊条药皮成分的典型配方见表 3 - 3 - 4。

表 3 - 3 - 2　实验用钛钙型电焊条药皮成分配方　　　　　　　（单位：g）

序号	金红石	钛白粉	大理石	白云石	长石	云母	白泥	硅铁	钛铁	石墨	硫化铁
1	28	10	12	7	8	10	15	0	13	0	0
2	28	10	12	7	8	10	15	0	0	0	0
3	28	10	12	7	8	10	15	10	13	0	0
4	28	10	12	7	8	10	15	0	13	0	2
5	28	10	12	7	8	10	15	0	13	2	2

表 3 – 3 – 3　实验用低氢型电焊条药皮成分配方　　　（单位：g）

序号	大理石	萤石	钛白粉	钛铁	硅铁	石墨	硫化铁
6	50	20	5	8	7	0	0
7	50	0	5	8	7	0	0
8	50	20	5	8	0	0	0
9	50	20	5	0	15	0	2
10	50	20	5	8	7	2	2

表 3 – 3 – 4　　E4303 和 E5015 电焊条药皮成分的典型配方　　（单位：g）

焊条牌号	金红石	钛白粉	锰铁	钛铁	大理石	菱苦土	长石	云母	白泥	萤石	碳酸钠	硅锰合金
E4303	30	8		12	12.4	7	8.6	7	14			
E5015	5		13	3	45				2	25	1	7.5

对比表 3 – 3 – 2 与表 3 – 3 – 4，可发现表 3 – 3 – 3 中 1 号药皮配方与 E4303 标准药皮配方相近。而将表 5 – 3 中 2 号配方与 1 号配方相比，2 号配方缺少脱氧剂钛铁；3 号配方与 1 号相比，3 号配方脱氧剂又增加了硅铁。设计这两组配方的目的是了解脱氧剂的多少对两类气孔的影响；结晶裂纹主要出现在含杂质较多的碳钢焊缝中，特别是含硫、磷、硅、碳较多的钢种的焊缝。4 号和 5 号配方中增加了硫化铁、石墨，这在正常焊条药皮配方中是不可能采用的。而本实验加之，是为了了解母材或焊材在不正常情况下，如硫或碳偏析时，对结晶裂纹的影响。

对比表 3 – 3 – 3 与表 3 – 3 – 4，可发现表 3 – 3 – 3 中 6 号药皮配方与 E5015 标准药皮配方相近。而将表 3 – 3 – 3 中 7 号配方与 6 号配方相比，7 号配方缺少萤石。8 号配方与 6 号相比，8 号配方缺少硅铁。设计这两组配方的目的是了解萤石、脱氧剂硅铁对两类气孔的影响。9、10 号配方中均加有硫化铁或石墨等杂质。9 号配方还将钛铁由硅铁代之，其目的也是了解过多的硫、硅、碳对结晶裂纹的有害作用。

结晶裂纹具有晶间破坏的特征，如图 3 – 3 – 1 所示。多数情况下，在焊缝的断面上有氧化的彩色，表明它是在高温下产生的。

结晶裂纹的形成与结晶脆性温度区间的大小有关，与脆性温度区间内焊缝金属的塑性及其所受到的拉伸应力有关。而这些因素又与焊缝的化学成分、偏析情况、杂质的性质及分布、焊接工艺、焊件结构等因素有关。

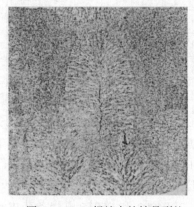

图 3 – 3 – 1　焊缝中的结晶裂纹

热裂纹实验方法有堆焊实验法、FISCO 实验法、环形镶块法、指形裂纹实验法等。本实验采用 FISCO 法，用 FISCO 夹具来提供焊接拉伸应力。FISCO 法对热裂纹的形成有良好的敏感性，调节试板间隙可得到不同的拘束度，试板加工容易，材料消耗量少，且适合于全位置焊接实验。

焊缝中的氢气孔在低碳钢中多出现在焊缝的表面，气孔的断面多为螺钉状，从焊缝的表面上看呈圆喇叭口形，并且在气孔的四壁有光滑的内壁，如图 3 – 3 – 2 所示。但在个别情况下也会残存在焊缝的内部，多以小圆球状、节虫状存在。

氮气孔也多在焊缝表面出现，但多数是成堆出现、呈蜂窝状。

CO气孔大多数产生在焊缝内部,气孔沿结晶方向分布,有些像条虫状,表面光滑,见图3-3-3。

图3-3-2 氢气孔的特征

图3-3-3 CO气孔的特征

影响焊缝生成气孔的因素是多方面的。从冶金因素方面讲,主要与熔渣的氧化性、药皮成分、焊材、大气中的水分以及焊材上的油锈等因素有关;从工艺上讲,焊材的处理、清理、焊接规范的大小以及稳定程度都将影响到气孔的形成。

四、实验内容及步骤

1.手工电弧焊焊条的制作

(1)用砂纸将焊芯表面的铁锈打磨干净,露出金属光泽。

(2)各组按表3-3-2或表3-3-3所给定配方,在天平上称量各种焊药,倒入瓷研钵。

(3)将焊药在瓷研钵中研磨,搅拌均匀后,再取出1/4备用。

(4)用水玻璃将焊药和成团。注意水玻璃要少量逐渐加入,以防焊药团过于稀软。

(5)在玻璃板上将焊药团搓成条,再在焊芯上涂少许水玻璃,把焊药条缠绕在焊芯上,轻轻滚动,使焊药皮均匀敷满焊芯。

2.焊缝中的结晶裂纹和气孔测定

1)焊缝中的结晶裂纹测定

(1)将自制钛钙型焊条烘干加热到200℃,保温2h;低氢型焊条烘干加热到350℃,保温2h。

(2)将结晶裂纹测定用试板坡口边缘用钢丝刷或砂纸打磨除锈。

(3)在试板上画线,见图3-3-4。

(4)将试板按照图3-3-4所示安装在夹具中,保证焊缝间隙为3mm。

(5)用测力扳手将螺栓以每个螺栓50N·m的扭矩紧固。

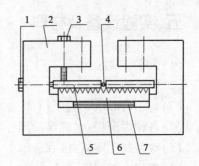
图3-3-4 FISCO实验装置示意图
1—水平定位螺栓;2—夹具主体;3—纵向压紧螺栓;4—塞件;5—试板;6—垫板;7—厚度调整板

(6)如图 3-3-5 所示,顺次焊接 4 条约 40mm 的焊缝,焊缝间距约 10mm,焊缝宽度约 20mm;焊接过程中观察记录稳弧性、飞溅、熔池沸腾等情况。

(7)焊接结束 5min 后,将试板从夹具中取出、敲渣,观察记录表面裂纹和气孔情况,以及焊缝成型、除渣难易等情况。

(8)将试件沿焊缝纵向击断,观察记录断面裂纹和气孔情况。与大气相通的裂纹呈烤蓝色,不与大气相通的裂纹呈失去光泽的灰白色。

(9)测量焊缝实际长度,再测出所有裂纹长度,记录裂纹、气孔等缺陷种类及分布情况;记录所有实验数据。

2)焊缝中的气孔测定

(1)将气孔测定用试板坡口边缘用钢丝刷或砂纸打磨除锈。

(2)在试板上画线,尺寸见图 3-3-6。

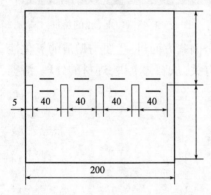

图 3-3-5 结晶裂纹实验焊缝位置　　　图 3-3-6 气孔实验焊缝位置

(3)将试板一端点焊,从另一端起焊。焊接时摆动焊条,保证焊缝宽度为 20mm。

(4)焊接过程中观察记录电弧稳定性、飞溅大小等情况。

(5)冷却后敲去熔渣,观察表面气孔;再将试件沿焊缝纵向击断,观察断面内部气孔分布及形貌状况。

(6)测量焊缝长度,记录两类气孔个数及分布情况。

五、实验设备及材料

(1)天平,5 架;

(2)瓷研钵,5 个;

(3)焊芯(H08A),若干;

(4)各种焊药粉、水玻璃,若干;

(5)焊条制作案板,15 张;

(6)直流电弧焊机,5 台;

(7)FISCO 夹具,5 台;

(8)电焊条烘干箱,1 台;

(9)热结晶裂纹测定用试板(A$_3$钢 200mm ×60mm ×8mm),6 块;

(10)气孔实验用试板(A$_3$钢 120mm ×50mm ×6mm),4 块;

(11)放大镜、钢丝刷、钢板尺、砂纸等。

六、实验数据整理及结果分析

1. 手工电弧焊焊条的制作

(1)分析本组焊条药皮配方存在的问题,预测焊接时,是否会出现焊缝结晶裂纹和气孔。

(2)搓制焊条的体会。

2. 焊缝中结晶裂纹和气孔的测定

1)实验数据整理

(1)根据整个焊接过程的观察情况,填写表3－3－5。

表3－3－5　实验数据记录

序号	药皮组成物及用量					焊接电流 A	电弧稳定程度	飞溅情况	脱渣情况	焊缝成型	缺陷分布情况	气孔发生率 裂纹发生率	断裂形式
1													
2													
3													
4													
5													
6													
7													
8													
9													
10													

(2)根据测量数据,按式(3－3－1)计算结晶裂纹发生率:

$$C = (\sum l / \sum L) \times 100\% \qquad (3-3-1)$$

式中　C——结晶裂纹发生率;

　　　$\sum l$——结晶裂纹的长度总和;

　　　$\sum L$——四段焊缝的长度总和。

(3)根据测量数据,按式(3－3－2)计算出100mm长度焊缝上的气孔个数:

$$\varepsilon = (\sum n / L) \times 100\% \qquad (3-3-2)$$

式中　ε——每100mm长度焊缝上的气孔个数;

　　　$\sum n$——气孔个数总和(不包括氮气孔);

　　　L——焊缝实际长度,mm。

2)实验结果分析

(1)比较同类各组焊条的抗气孔能力、抗结晶裂纹能力及其工艺性能,对其机理进行分析。

(2)比较两类焊条的抗气孔能力、抗结晶裂纹能力及其工艺性能,对其机理进行分析。

(3)综述影响结晶裂纹及两类气孔的因素。

七、思考题

根据本组实验出现的问题,重新设计较为科学、合理的焊条药皮配方。

实验4　电弧焊工艺综合实验

第一部分　埋弧焊工艺实验

一、概述

埋弧焊是当今生产效率较高的机械化焊接方法之一。它的电弧是掩埋在颗粒状的焊剂下面的,当焊丝与焊件之间引燃电弧,电弧热使焊件、焊丝和焊剂熔化,从而实现焊接的目的。

埋弧焊焊缝的成型与埋弧焊焊缝的质量有着直接的关系,因此如何控制焊缝成型是埋弧焊焊接生产中的一个关键。埋弧焊焊缝成型与焊接规范参数有着密切的关系,最为主要的是焊接电压、焊接电流和焊接速度,因此了解和掌握埋弧焊焊接规范参数对焊缝成型的影响及规律是十分重要和必要的。

本次实验通过对焊接电流、焊接电压和焊接速度这三个主要规范参数的改变,来观察焊缝成型的变化及规律,验证课堂理论,加深感性认识。

二、实验目的

(1)了解 MZ - 1000 型埋弧焊机的结构、特点及操作方法;

(2)了解 MZ - 1000 型埋弧焊机的自动控制原理;

(3)了解埋弧焊规范参数对焊缝成型的影响。

三、实验原理

1. MZ - 1000 型埋弧自动焊机特点

MZ - 1000 型焊机具有体积小、工作适应性强;电气控制线路简单、可靠;焊接过程中可随意无级调节各工艺参数、机械结构简单、调节方便等特点。送丝速度由可控硅调速、电弧电压反馈来控制;焊接速度由可控硅调速、焊速恒值控制。焊接电流调节范围 300 ~ 1000A,送丝速度范围 50 ~ 120m/h。

为 MZ - 1000 型焊机匹配的 ZD7 - 1000 型弧焊整流器具有下降和平直两种外特性。它采用六相平衡电抗器双反星形电路。其输出功率大、效率高,充分发挥了可控硅焊机不受电网电压波动影响的优点,对粗丝大电流自动焊更能表现出其优越性。

2.埋弧焊规范参数及其对焊缝成型的影响

1)焊缝形状的影响

焊缝的形状对焊缝质量和焊件的使用性能有很大影响,因此保证合适的焊缝形状是焊接工艺试验首先要解决的问题。焊缝的形状通常用熔深 H、熔宽 B 和余高 a 三个参数表示,其中最重要的是熔深。合理的焊缝形状要求上述三个参数之间有合理的匹配。在生产上常采用成型系数 φ 来表示熔深和熔宽的关系:

$$\varphi = B/H \tag{3-4-1}$$

成型系数的大小直接影响热源的使用效率和热影响区的大小,而且影响焊缝金属结晶的方向,对杂质成分的偏析、成分的不均匀性和裂纹气孔敏感性有着直接影响。埋弧焊时,一般要求 $\varphi > 1.3$。

另外,改变焊缝的形状可以调整熔合比 γ。在焊接合金钢时,调整熔合比 γ 常常是防止焊缝冶金缺陷,特别是降低裂纹的敏感性、提高焊缝机械性能的一条重要途径。

2)焊接电流、电弧电压和焊接速度的影响

焊接电流、电弧电压和焊接速度是对焊缝成型影响最大的三个参数,在正常使用的规范范围内,变化规律为焊接电流增大,焊缝的熔深和余高增大,熔宽没有多大变化(或略增大)。熔深与焊接电流近似于成正比:

$$H = K_{\mathrm{m}} \cdot I \tag{3-4-2}$$

K_{m} 与焊丝直径、电流种类等有关。

电弧电压增大,熔宽增大,熔深、余高减小。

焊接速度增大,线能量减小,单位长度焊缝上填充金属量减小,熔宽、熔深、余高均减小。

为了获得良好的焊缝成型,焊接电流、电弧电压和焊接速度要配合得当。如在增大焊接电流时,也要适当提高电弧电压,做到大电流配大电压,小电流配小电压,这样电弧才可能最稳定。在提高焊接速度时,也要相应地提高焊接电流和电弧电压,这样既可提高生产效率,又能保证焊缝成型。

四、实验内容及步骤

(1)熟悉焊机构造、工作原理、机头面板开关、按钮以及操作方法。

(2)按照焊机连线说明连接电缆,使焊接极性为直流反接。连线前须断开电源,确保用电安全。

(3)将焊机机头置于轨道,支撑试板于焊嘴下方,注意试板须水平且能保证干伸长度为 40mm。

(4)将焊机电源外特性开关设为陡降特性。

(5)焊丝除油锈,确保焊丝光亮,无油污、锈蚀等影响稳定焊接的因素。

(6)将焊丝装到机头上焊丝盘内。

(7)将焊剂通过滤网装入漏斗,确保焊剂无杂物。

(8)接通焊接电源。

(9)将机头面板上的"电源极性"键设为"直流反接";扳动焊机机头开关,接通其电源。

(10)将机头面板上的"预调试/自动"键设为"预调",将小车上的手柄放置为"松开"(手拉小车行走)或"啮合"(小车自动行走),按照表3-4-1数据调整焊接速度。

表3-4-1 实验数据

焊缝	焊接电流,A	电弧电压,V	焊接速度,m/h	熔深 H,mm	熔宽 B,mm	余高 a,mm
1—1	500	25	33			
1—2	400	25	33			
1—3	600	25	33			
1—4	500	22	33			
1—5	500	30	33			
1—6	500	25	30			
1—7	500	25	36			
2—1	1000	32	30			
2—2	600	32	30			
2—3	800	32	30			
2—4	1000	30	30			
2—5	1000	42	30			
2—6	1000	32	22.5			

(11)将焊嘴置于欲焊焊缝起始点,按"手动送丝"的"下送"键或"上升"键,使焊丝通过送丝轮下放,且刚好轻轻接触试板。

(12)将小车上的手柄由"松开"转为"啮合"。此时小车在未焊接的情况下不能随意走动。

(13)将焊剂漏斗打开,使焊剂漏下覆盖住伸出的焊丝和欲焊焊缝。

(14)按照表3-4-1数据,粗调焊接电流和焊接电压。

(15)将机头面板上的"预调/自动"键设为"自动"。

(16)将"小车行走方向"键设为"停止",按机头面板上的"起动"键(绿键),引燃电弧。

(17)电弧引燃2s后,将"小车行走方向"键按预先确定的小车行动方向设为"左←(向前)"或"右→(向后)",焊接开始;细调焊接电流、电弧电压值并记录,观察参数稳定情况。

(18)焊缝长度达到100mm左右。按焊丝"上升"键1s,并立刻按停止键(红键)5s,停止焊接。

(19)若遇到特殊情况,按急停键(红键)停止焊接。

(20)关闭焊剂漏斗开关。

(21)关闭焊机电源开关。

(22)清理焊道表面未用焊剂,将其经滤网回收,倒入漏斗,继续使用。

(23)观察焊缝成型状况,并用卡尺测量每段焊缝的熔宽 B、余高 a,每个数据测量三次,取其平均值。

(24)改变焊接规范参数,重复实验步骤(6)~(23)。

(25)关闭焊接电源及总电源,将焊机面板上的开关全部放置到中间位置。

(26)用卡尺测量实验室提供的埋弧焊典型试样的每条焊缝的熔深 H 及熔宽 B、余高 a，每个数据测量三次，取其平均值。

五、实验设备及材料

(1)埋弧自动焊机(MZ-1000型),1台;
(2)试板(A3钢,$\delta=16mm$),若干;
(2)焊丝(H08A,$\phi4mm$),若干;
(3)焊剂(431),若干;
(4)游标卡尺、秒表、砂纸等,若干。

六、实验数据整理及结果分析

(1)整理实验数据,填入表3-4-1中。
(2)总结焊接电流、电弧电压和焊接速度各参数与 H、B、a 的关系。

七、思考题

所测的数据是否完全符合规律,不符合规律的原因是什么?

第二部分 CO_2 气体保护焊工艺实验

一、概述

CO_2 气体保护焊是一种经济效益和节能效果都很好的焊接方法,具有明弧、无渣、焊接质量好、焊接生产率高以及能进行全位置焊接等特点。这使得 CO_2 气体保护焊自20世纪50年代出现至今几十年来已迅速发展成为仅次于手工电弧焊的另一种熔化焊接方法。

在 CO_2 气体保护焊中,熔滴过渡形式主要有颗粒状自由飞落和短路过渡等形式。颗粒状自由飞落是在粗焊丝大规范焊接时形成的,适用于中、厚板的焊接。短路过渡是在 CO_2 细丝、小规范焊接时形成的,适用于薄板焊接及全位置自动焊,应用最为广泛。但由于 CO_2 的物理化学性质又给焊接过程中带来了一些问题,最为突出的便是电弧的稳定性和焊缝的成型。

评价电弧稳定性的短路过渡频率是指焊接中每秒产生短路过渡的次数,短路频率越高,熔滴尺寸越小,那么短路过渡越稳定,金属飞溅也越少。影响短路过渡频率的因素是电弧电压、焊接电流、电流增长速度。另外它们与焊接速度、焊丝伸出长度、气体流量、电极极性等因素共同影响着焊接质量,只有这些参数匹配得当时,才能达到一种最佳的焊接效果,使飞溅量最小。

本次实验通过焊接电流、焊接电压、焊丝外伸长度等规范参数对短路过渡频率的影响,从焊接工艺方面对电弧稳定性和焊缝成型进行了研究,了解焊接规范参数对 CO_2 焊短路过渡电弧稳定性和焊缝成型的作用规律,找出较为合适的焊接规范参数。

二、实验目的

(1)了解 CO_2 焊短路过渡的特点;

(2)了解焊接规范参数对 CO_2 焊短路过渡电弧稳定性的影响;

(3)了解 CO_2 焊短路过渡规范参数对焊缝成型的影响;

(4)掌握 CO_2 焊机和光线示波器的使用操作方法。

三、实验原理

1. 短路过渡特点

短路过渡是在小电流低电压时,熔滴未长成大滴就与熔池短路,在表面张力及电磁收缩力的作用下,熔滴向母材过渡。在这种过渡过程中,电弧燃烧是不连续的,电弧交替地出现燃弧与熄弧,引起焊接电流与电压周期性变化,其电流、电压波形见图 $3-4-1$,熔滴过渡过程见图 $3-4-2$。

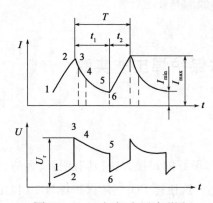

图 $3-4-1$ 电流、电压波形图

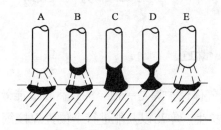

图 $3-4-2$ 熔滴过渡过程

一个短路过渡周期,大体可以分为四个阶段:

(1)燃弧阶段:电弧呈短弧进行燃烧,焊丝末端金属被加热熔化成熔球(图 $3-4-2$ 中 A、B),电弧电压因焊丝送进以及焊丝端部熔球长大而衰减,电流也由短路电流衰减下来(图 $3-4-1$ 中 3、4、5)。

(2)弧隙短路阶段:焊丝端部熔球长大并与熔池短路形成液体金属过桥(图 $3-4-2$ 中 C),电弧电压立即下降,电流以一定的速度上升(图 $3-4-1$ 中 5、6)。

(3)成颈脱落阶段:由于短路电流的电磁力,以及液桥与熔池相接触的表面张力的作用,使液桥收缩变细而断裂(图 $3-4-2$ 中 D)。

(4)电弧复燃阶段:熔滴断裂脱落后,焊丝末端与熔池间又形成小间隙,当电源电压高于引燃电压时,电弧重新引燃,使前述过程重复,得到了周期性的短路、燃弧交替过程(图 $3-4-2$ 中 A)。为衡量短路时间与燃弧时间匹配,可用燃弧时间比 η 来表示。

2. CO_2焊短路过渡电弧—电源系统与规范参数的调节方法

（1）电弧—电源系统：焊接电弧要稳定工作，必须使电弧静特性与电源外特性相交于稳定工作点。在 CO_2 焊中，由于所用焊丝一般较细，电流密度较大，加上保护气流对电弧的冷却作用，其电弧工作在 U 曲线的上升阶段，电源一般采用平特性或缓降特性曲线并与等速送丝相匹配。这样，在弧长波动时所引起的电流变化很大，从而提高电弧的自调作用的灵敏度，保证焊接规范的稳定。

（2）规范参数调节方法：一个短路过渡周期电压的平均值等于电源电压。因此调节平均弧压主要是靠调节电源外特性来实现，调节电流的大小主要是调节送丝速度。因此，短路过渡电弧的稳定工作点是电源外特性曲线与送丝速度的交点，其交点决定的电弧静特性曲线是短路过渡电弧的平均弧长。

3. 短路过渡电弧的稳定性

1）短路过渡电弧稳定性评定的指标

在短路过渡焊接时，焊接过渡稳定性可用短路过渡频率来表示。短路过渡频率越高，焊接过程越稳定。因为频率高，意味着每次从焊丝向母材过渡的金属量少，熔滴细小，飞溅少。因此电弧的稳定性可以用短路过渡频率来衡量。

2）影响电弧稳定性的因素

影响电弧稳定性的因素有两方面：焊接电源特性和焊接规范参数。

（1）焊接电源特性。

电源外特性的选择：由于 CO_2 焊电弧的静特性是上升的，所以缓降，平硬外特性电源都可以满足电弧—电源系统稳定工作。目前细丝 CO_2 焊一般采用平特性电源。因为平特性电源配合等速送丝焊机使用，具有弧长变化时电弧自调作用强、短路电流大、引弧容易、电流与电压可以分别调节、规范参数调节方便等优点。

对电源动特性要求：短路过渡时，电弧处于燃弧—短路—再引燃的周期变化中，电源的电参数也需进行燃弧—短路—空载的快速交替变化，故要求电源有良好的动特性。电源动特性的主要参数有电流增长速度 dI/dt，短路电流峰值 I_{max} 及空载电压恢复速度 dU/dt。整流器型的平特性电源具有较大的 dI/dt 及 I_{max} 值，而 dU/dt 也足够大，能满足焊接要求。但采用不同的工艺条件时（焊丝成分与直径等）对 dI/dt 往往有不同的要求，常采用改变回路电感的办法，来调节 dI/dt。

（2）焊接规范参数。

焊接规范参数主要包括焊接电流、电弧电压、焊接速度、焊丝伸出长度、气体流量、电源极性等。

①焊接电流 I_f。

焊接电流与电弧电压匹配得当时，可获得稳定的焊接过程，且飞溅小，焊缝成型好。其他条件不变，焊接电流增大时，电弧力和热输入均增大，电阻热也增加，热源位置下移，使熔深和余高都增加，熔宽略有增加。若焊接电流过小，则电弧不稳，且不能熔化焊丝，而此时送丝继续，易使固体焊丝和母材发生抵触，从而堵丝；但是若焊接电流过大，会引起严重飞溅。

②电弧电压 U_f。

电弧电压标志着弧长的大小。弧压增加则电弧功率加大,工件热输入增加。但弧长拉长,电弧散热多,使焊丝融化系数降低。且弧长增加,电弧分布半径增大,因此弧压增加时,焊缝变宽,余高扁平且熔深变浅。弧压过高,弧长过长,电弧挺度变差,稳弧性差。弧压过高,短路过渡会转成大颗粒长弧过渡,会引起焊接过程不稳定。弧压过低,电弧能量过小,引弧困难,电弧稳定性也变差。弧压小,电弧覆盖面变窄且电弧集中,此时熔深窄而深,所得焊道表面较凸。为得到合适的焊缝成型,焊接电流与电弧电压应匹配,通常在增大电流的同时,也要适当增加电弧电压。电弧电压的调节是通过调节送丝速度来实现的。

③焊接速度 v。

焊接速度与焊接电流、电弧电压一样,都是决定熔深、焊道形状和熔敷金属量的重要因素。焊速增加,线能量减小,熔宽、熔深、余高都减小。焊速过快,将产生未熔合、未焊透现象,焊缝成型高低不平,间断不连续,同时产生咬边和大颗粒飞溅,焊速过快,不易形成稳定的电场发射,焊速过慢,会发生熔敷金属大量堆积、流动现象,对于薄件易烧穿;焊速的选择受送丝速度的影响,要通过试焊后观察焊道的成型情况来确定,焊速要和焊接电流、电弧电压相匹配。

④焊丝伸出长度 L_s。

由于短路过渡焊时所用焊丝直径都比较小,因此焊丝伸出长度产生的电阻热便不可忽略。若伸出长度过短,则喷嘴至工件距离太近,飞溅金属易堵塞喷嘴,甚至发生焊道与喷嘴粘连;若伸出长度过大,则焊丝易过热而成段熔断,飞溅严重,且由于大的电阻热,会使熔深变浅,发生未熔合现象,同时使气体保护效果变差,电弧稳定性变差。根据经验,不同直径焊丝的伸出长度由下式决定:

$$L_s = 10D_s \tag{3-4-3}$$

式中 D_s——焊丝直径。

⑤气体流量 Q。

短路过渡焊接气体流量 Q 一般在 $5 \sim 15L/min$,在大电流、高速焊、焊丝伸出较长及室外作业等情况下,气体流量应适当增大,以使气体有足够的挺度,提高其抗干扰能力,也能提高稳弧性。但是气体流量过大会使保护气紊乱度增大,反而使外界气体卷入,保护效果变差,气孔增多。

⑥电源极性。

CO_2 焊一般采用直流反极性。因为反极性时飞溅小、电弧稳定、成型好,且焊缝金属含氢量低、熔深大。

四、实验方法及步骤

(1)了解焊机和实验仪器的使用方法,掌握双踪示波器的使用方法。

(2)焊接试板的步骤如下:

①按图 3-4-3 连接实验线路。

②给气体干燥器接通电源,预热 CO_2 气体;根据表 3-4-2 中的数据,调节气体流量 Q。

③接通双踪示波器电源,打开双踪示波器电源开关。

④接通焊机电源;根据表 3-4-2 中的数据,调节焊接电流 I_f 和电弧电压 U_f;然后调整好焊接小车的行走方向和行走速度;再送丝至焊枪,根据表 3-4-2 中的数据,调节干伸长度 L。

⑤启动焊枪上的焊接开关,引弧后立即合上小车的行走开关开始焊接。

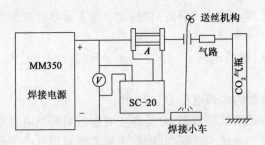

图 3 - 4 - 3   实验线路图

⑥焊接时观察电弧燃烧稳定程度、飞溅颗粒的大小及数量,用示波器记录电弧电流、电压波形。

⑦焊接结束时,先关断焊枪开关和小车行走开关。

⑧用卡尺测量焊缝的宽度 B、余高 a,每条焊缝测量三次数据,取平均值。

⑨数出示波器 U_f 波形图上 1s 内的波峰数,即为熔滴的短路过渡频率 f。

五、实验设备及材料

(1) CO_2 气体保护焊焊机(XD350S),1台;

(2)焊接小车及导轨,1套;

(3) CO_2 气瓶、干燥器、减压阀及流量计,1套;

(4)双踪示波器(DS5062CAE 型),1套;

(5)低碳钢钢板($\delta = 6 \sim 8mm$),数块;

(6)焊丝(H08Mn2SiA, $\phi1.0mm$),若干;

(7)游标卡尺、秒表等,若干。

六、实验数据整理及结果分析

(1)将实验中观察和测试的数据,填入表 3 - 4 - 2 中。

表 3 - 4 - 2   实验数据记录

序号	I_f A	U_f V	v cm/min	L_s mm	Q L/min	B mm	a mm	f 次/s	飞溅	电弧 漂移
1	120	19	12	12	8					
2	100	19	12	12	8					
3	140	19	12	12	8					
4	120	16	12	12	8					
5	120	22	12	12	8					
6	120	19	8	12	8					
7	120	19	20	12	8					
8	120	19	12	18	8					
9	120	19	12	8	8					

（2）画出焊接电流 I_f、电弧电压 U_f 和焊接速度 v 等主要参数与熔滴短路过渡频率 f 的关系曲线图。

（3）画出焊接电流 I_f、电弧电压 U_f、焊接速度 v 和焊丝伸出长度 L_s 等主要参数与焊缝宽度、余高的关系曲线图。

（4）画出自己所测数据的电弧电压 U_f 波形图。

（5）根据实验中观察和测试的数据，分析各主要参数对短路电弧稳定性的影响。

（6）根据实验中观察和测试的数据，分析各主要参数对焊缝成型的影响。

七、思考题

你所测出的规范参数对焊缝尺寸影响的数据是否完全符合规律，如有不符，其原因是什么？

第三部分　交流钨极氩弧焊工艺实验

一、实验目的

（1）练习钨极氩弧焊的手工操作；
（2）观察铝板上的阴极清理作用。

二、实验原理

交流钨极氩弧焊机采用的电源为交流电，在交流电的负半波，工件为负，可利用电流的阴极清理作用实现铝件氧化膜的去除；在交流电的正半波，钨极为负，由于电弧阴极产热较少，钨极得到了冷却。这样就保证了铝件焊接的持续进行。

三、实验内容及步骤

（1）熟悉焊机构造、工作原理、机头面板开关、按钮以及操作方法；
（2）按照焊机连线说明连接电缆；
（3）练习钨极氩弧焊的手工操作，同时观察铝试件上的阴极雾化作用。

四、实验设备及材料

（1）交直流钨极氩弧焊机（WSE－315 型），1 台；
（2）氩气瓶、减压器、流量计，1 套；
（3）铝板、钢丝刷、酒精、棉纱等，若干。

五、实验数据整理及结果分析

（1）叙述所观察到的阴极清理现象。

（2）什么是阴极清理？为何会产生阴极清理现象？

六、思考题

交流钨极氩弧焊时为何采用高频引弧？

实验5 闪光对焊机顶锻凸轮位移曲线测绘

一、实验目的

（1）了解闪光对焊机顶锻凸轮的工作原理；

（2）掌握闪光对焊机顶锻凸轮模型曲线的测绘方法；

（3）掌握闪光曲线段和顶锻曲线段方程求解方法。

二、实验原理

1. 闪光对焊

对接电阻焊（简称对焊）是利用电阻热将两工件沿整个端面同时焊接起来的一类电阻焊方法。闪光对焊是其中一种，主要由两个阶段组成：闪光阶段和顶锻阶段。

1）闪光阶段

闪光的主要作用是加热工件。在此阶段中，先接通电源，并使两工件端面轻微接触，形成许多接触点。电流通过时，接触点熔化，成为连接两端面的液体金属过梁。由于液体过梁中的电流密度极高，过梁中的液体金属急剧蒸发并且过梁爆破。随着动夹钳的缓慢推进，过梁不断产生、爆破。在蒸气压力和电磁力的作用下，液态金属微粒不断从接口间喷射出来，形成火花急流——闪光。

在闪光过程中，工件逐渐缩短，端头温度也逐渐升高。随着端头温度的升高，过梁爆破的速度将加快，动夹钳的推进速度也必须逐渐加大。在闪光过程结束前，必须使工件整个端面形成一层液体金属层，并在一定深度上使金属达到塑性变形温度。

由于过梁爆破时所产生的金属蒸气和金属微粒的强烈氧化，接口间隙中气体介质的含氧量减少，其氧化能力降低，从而提高了接头的质量。

要保证接头的高质量,闪光必须稳定而且强烈。稳定是指在闪光过程中不发生断路和短路现象。断路会减弱焊接处的自保护作用,接头易被氧化;短路会使工件过烧,导致工件报废。强烈是指在单位时间内有相当多的过梁爆破。闪光越强烈,焊接处的自保护作用越好,这在闪光后期尤为重要。

2)顶锻阶段

在闪光阶段结束时,立即对工件施加足够的顶锻压力,接口间隙迅速减小,过梁停止爆破,即进入顶锻阶段。

顶锻的作用是密封工件端面的间隙和液体金属过梁爆破后留下的火口,同时挤出端面的液态金属及氧化夹杂物,使洁净的塑性金属紧密接触,并使接头区产生一定的塑性变形,以促进再结晶的进行、形成共同晶粒、获得牢固的接头。闪光对焊时在加热过程中虽有熔化金属,但实质上是塑性状态焊接。

2.凸轮闪光对焊机的位移控制原理

凸轮闪光对焊机位移控制系统的工作原理是利用电动机通过一套减速器带动凸轮转动,从而使凸轮轮顶与顶杆在 x 轴方向产生工件所要求的位移。因为工件与凸轮顶杆之间是通过移动夹头刚性连成一体的(图3-5-1),因此,凸轮顶杆的位移就是移动夹头与工件的位移。

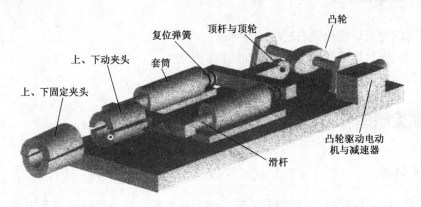

图3-5-1 凸轮闪光对焊机动夹头位移控制机构示意图

如果工件所要求的位移曲线如图3-5-2所示,即由零时刻 t_0 开始计时,在 t_1 时刻工件位移到 A_1 点,t_{10} 时刻工件位移到 A_{10} 点,那么 A_i 点($i=1,2,3,\cdots$)所连成的曲线就是在 x 轴方向产生的工件所要求的位移曲线。

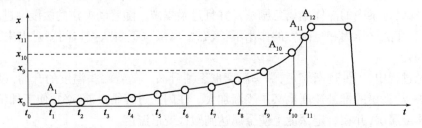

图3-5-2 闪光对焊工艺要求的动夹头位移曲线形状

将位移曲线作为凸轮的轮廓曲线(图3-5-3),并使凸轮以一定的角速度 ω 转动,则总会使凸轮顶杆在 x 轴方向产生工件所要求的位移曲线。

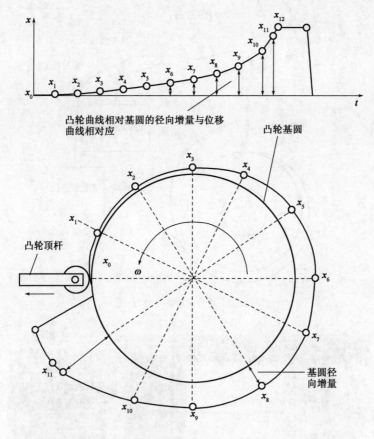

凸轮曲线相对基圆的径向增量与位移
曲线相对应

图3-5-3　凸轮曲线相对基圆径向增量即为动夹头位移曲线增量

在实际的凸轮闪光对焊机中,凸轮位移曲线的 $A_1 \sim A_{10}$ 段(位移曲线斜率相对较小的曲线段)称为"闪光曲线段";凸轮位移曲线 $A_{10} \sim A_{12}$ 段(位移曲线斜率相对较大的曲线段)称为"顶锻曲线段"。闪光曲线段往往是一条抛物线形状的二次曲线。

3.测试原理

在本实验中,将位移传感器顶杆固定,且与凸轮轮缘表面相接触。当凸轮转动时,与凸轮轮缘表面相接触的弹性顶杆产生位移,位移传感器将所感应到的顶杆位移变化转换成电信号(电压变化),输入到函数记录仪中。而函数记录仪又将电信号变化转化为位移变化,根据位移传感器的位移—电压变化比例关系以及函数记录仪的电压—位移变化比例关系,即可以换算得到凸轮轮廓相对于基圆的位移量变化曲线。图3-5-4为实验装置示意图。

三、实验内容及步骤

1.实验装置的准备

(1)熟悉函数记录仪和走纸机构的结构及各开关位置。记录仪和走纸机构的各开关位置如图3-5-5所示。

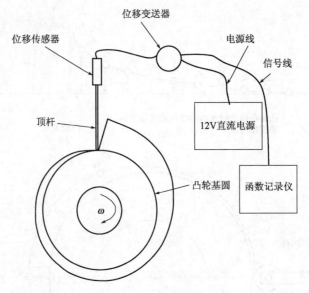

图 3 - 5 - 4　实验装置示意图

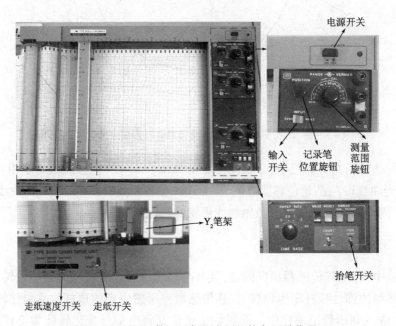

图 3 - 5 - 5　函数记录仪和走纸机构各开关位置

（2）将走纸机构安装于函数记录仪左侧，注意先将数据口插好，再将两个紧固螺丝拧紧。

（3）打开函数记录仪的卷筒记录纸的安装处，用手指向上按压取出装纸辊筒，取下其法兰盘，装入卷筒记录纸，左旋上紧法兰盘。注意应确保辊筒的销钉卡入卷筒记录纸芯的开槽处。

（4）将记录笔安装在函数记录仪的 Y_2 接线区笔架上。

（5）使用数据线将位移传感器和位移变送器连接起来。注意：位移传感器和位移变送器是配套使用的，使用中注意检查二者的编号应匹配。

（6）按如下方法连接位移变送器线缆中的四根线芯：

①将黑色线和无线皮的屏蔽线绞在一起，接于函数记录仪 Y_2 接线区的 L（黑色）接线

柱上;

②蓝色线接于函数记录仪 Y_2 接线区的 H(红色)接线柱上;

③棕色线与直流电源的 12V 正极相连接。

(7)将直流电源的接地端与函数记录仪 Y_2 接线区的 L(黑色)接线柱相连。

2. 位移传感器顶杆的位移量 S 与函数记录仪 Y 轴位移距离 L 的关系 $\alpha = S/L$ 值标定

(1)依照表 3 - 5 - 1,在连接电缆和开机前检查并确认函数记录仪的各开关处于初始状态;

表 3 - 5 - 1　函数记录仪各开关的初始位置

POWER 开关 (电源开关)	PEN 开关 (抬笔开关)	CHART 开关 (静电吸附开关)	INPUT 开关 (输入开关)	走纸机构开关
OFF	UP	RELEASE	ZERO	STOP

(2)转动函数记录仪 Y_2 接线区的 RANGE 旋钮,设定灵敏度至 0.25V/cm 位置;

(3)用钢尺在位移传感器的顶杆上量出 0~5cm 距离(0 标记位置设在距位移传感器的顶杆头部约 15cm 处),并用钢笔在 0、1cm、3cm、5cm 位置标出标记;

(4)将函数记录仪的记录笔上的笔帽取下,按下函数记录仪的 POWER 开关,红色 POWER 指示灯亮,并打开直流电源开关;

(5)将位移传感器的顶杆置于 0 标记位置;

(6)将函数记录仪的 INPUT 开关置为 MEAS,转动 Y_2 的 POSITION 旋钮,调整记录笔的初始位置,使记录笔对正记录纸坐标格线的下沿;

(7)将函数记录仪 PEN 开关置为 DOWN;

(8)旋动 X 接线区开关的 POSITION 旋钮,画出一条 5~10mm 的线段;

(9)将位移传感器的顶杆分别置于 1cm、3cm、5cm 标记位置,旋动 X 接线区的 POSITION 旋钮,各画出一条 5~10mm 的线段;

(10)测量当位移传感器的顶杆分别为 $S_1 = 0 \sim 1cm$、$S_2 = 0 \sim 3cm$、$S_3 = 0 \sim 5cm$ 位置时,函数记录仪记录纸上所对应的记录笔移动的 Y 向距离 $L_n(mm)$,将三次测量得的 $L_n(n = 1,2,3)$ 值相加,得出 $\sum L$,再计算出 $\alpha = \sum S / \sum L = 90 / \sum L$ 的值;

(11)关闭直流电源的开关及函数记录仪的 POWER 开关,且使函数记录仪处于初始状态。

3. 实验测定

(1)将位移传感器装在实验用顶锻凸轮模型支架上,使顶杆头部接触凸轮的起始位置(0 刻度处)时,顶杆 0 标记位置显露于支架固定螺丝外。

(2)依照表 3 - 5 - 1,检查并确认函数记录仪的各开关处于初始状态。

(3)将函数记录仪的走纸速度设定为 10cm/min,灵敏度设定为 0.25V/cm 位置。按下函数记录仪的 POWER 开关,打开直流电源开关。

(4)转动凸轮模型的手轮,使位移传感器的顶杆对正凸轮的起始位置(0 刻度处),并保持该位置不动直至实验开始。

(5)将函数记录仪的 INPUT 开关置为 MEAS,转动 Y_2 的 POSITION 旋钮,调整记录笔的初始位置,使记录笔对正记录纸坐标格线的下沿,此时为 0 位置。

(6)将函数记录仪的 PEN 开关置为 DOWN,走纸机构开关置为 START。此时使凸轮保持起始位置 2 ~3s,画出一条 5 ~10mm 的线段,然后关闭走纸机构开关;顺时针转动凸轮手轮,至下一位置(1 刻度、15°处),又开启走纸机构开关,画出一条 5 ~10mm 的线段;依此方法,每次顺时针转动凸轮 15°,并在每一位置处画出一条 5 ~10mm 的线段,直至函数记录仪绘制出凸轮上 25 个位置所对应的 Y 向位移变化。

(7)顺序关断函数记录仪的 INPUT 开关、PEN 开关、走纸机构开关、POWER 开关。将记录笔的笔帽盖到记录笔上。

(8)拔下函数记录仪和直流电源的电源插座。

四、实验设备及材料

(1)闪光对焊机顶锻凸轮模型,1 台;
(2)位移传感器(150mm;带位移变送器),1 套;
(3)直流电源(12V),1 台;
(4)$X - Y$ 函数记录仪(3036 型),1 套;
(5)$X - Y$ 函数记录仪用记录纸,1 卷;
(6)钢板尺等。

五、实验数据整理及结果分析

1. 实验数据整理

(1)计算传感器顶杆的位移量 S 与记录笔 Y 轴位移距离 L 的关系 $\alpha = \sum S / \sum L$ 值,给出计算过程及计算结果。

(2)量取实验所得的函数记录仪数据图上凸轮基圆平台(0 点)与各测点 Y 向距离 L_i($i = 0,1,2,\cdots,24$),记录在表 3 – 5 – 2 中。

(3)根据位移传感器顶杆在凸轮边缘表面相对于基圆的位移量 S 与记录笔 Y 轴位移距离 L 的关系 $\alpha = S/L$ 值,换算出位移传感器顶杆在凸轮边缘表面 25 个测定位置处相对于基圆的位移量 S_i($i = 0,1,2,\cdots,24$),记录在表 3 – 5 – 2 中。

表 3 –5 –2   实验数据记录表

位 置 点	0	1	2	3	4	5	6	7	8	9	10	11	12
角度 θ,(°)	0	15	30	45	60	75	90	105	120	135	150	165	180
L,mm													
S,mm													

位 置 点	13	14	15	16	17	18	19	20	21	22	23	24
角度 θ,(°)	195	210	225	240	255	270	285	300	315	330	345	355.5
L,mm												
S,mm												

(4)以角度 θ 为横轴,以凸轮外缘相对于基圆的位移量 S 为纵轴,作出凸轮角度(θ)—位移量(S)关系曲线 $S=f(\theta)$;在凸轮角度—位移量关系曲线 $S=f(\theta)$ 中指明"闪光曲线段"和"顶锻曲线段"。

(5)利用 excel 软件对曲线拟合,求出闪光曲线段和顶锻曲线段的方程。

2. 实验结果分析

分析闪光曲线段和顶锻曲线段的方程在焊接过程中的作用。

六、思考题

闪光对焊曲线可以是一条斜率一定的曲线吗? 为什么?

实验 6　焊接加热及冷却过程中弯曲变形的测量及分析

一、概述

焊接集中热源对焊件局部加热形成不均匀温度场,使焊接结构产生残余应力和变形,影响焊接接头质量可靠性和尺寸精度。熟悉和掌握焊接加热及冷却过程中的变形规律,对其进行控制和调节是焊接结构设计和施工中必须考虑的问题之一。

焊接变形的大小及分布主要取决于以下几个因素:

(1)材料的物理、化学性能,线膨胀系数,导热系数,弹性模量,屈服点等;

(2)焊接结构的形式及拘束状态;

(3)焊接热源的种类和焊接工艺规范参数等。

在实际焊接生产中,由于焊接过程的温度变化范围大,上述各种因素都有一定的变化。特别是随着焊接热源的移动,温度场也随焊接过程的进行发生变化,这就使焊接变形呈现出动态过程,使变形问题变得很复杂。在实践中往往采用理论数值分析与实验相结合的方法来分析焊接应力变形的规律和影响因素,最终达到预测、控制和调整的目的。

本次实验的主要内容是观察焊接变形的动态过程及其规律性。首先通过位移传感器将被焊试件在焊接过程中变形产生的位移信号转变为电压信号,再用 X—Y 记录仪将变化的电压信号记录下来,以获得整个焊接过程中焊接结构变形的动态过程,最后,根据实验结果和理论计算值进行分析比较,得出焊接变形的一些规律,分析两者之间误差产生的原因,为焊接生产中减小焊接变形提供理论依据。

二、实验目的

(1)观察钢板一侧边缘堆焊时弯曲变形发生、发展的动态过程;

（2）了解焊接规范参数、结构因素及材料因素等对焊接变形的影响规律；

（3）熟悉和掌握位移传感器和 $X—Y$ 记录仪的工作原理及操作。

三、实验原理

将试板一端刚性固定，并沿上侧边缘堆焊一层纵向焊道，在焊接加热及冷却过程中，试板将产生纵向弯曲，弯曲挠度的大小和符号将随着焊接过程的进行不断发生变化，其变化趋势如图 3－6－1 所示。

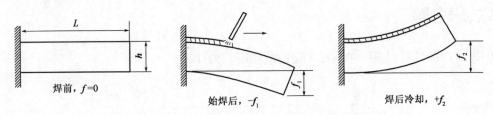

图 3－6－1　沿钢板边缘堆焊时的试板弯曲变形

在试板长度 L 保持不变的情况下，试板宽度 h 对焊接加热和冷却过程中弯曲挠度 f 的变化有明显影响，如图 3－6－2 所示。板宽 h 增大时，试板的抗纵向弯曲惯性矩 J 或 EJ 也增大，因而使试板无论在加热过程中还是在冷却后的最大纵向弯曲挠度值都减小。

焊接线能量的变化对于试板的弯曲挠度具有不可忽视的影响，如图 3－6－3 所示。在试板长度 L 和宽度 h 都不变的情况下，随着焊接电流 I 的增大，焊接加热过程中的试板最大弯曲挠度不断地增加。但在冷却过程中，由于试板金属受热塑变区尺寸及沿试板宽度方向上的温度分布这两个因素的综合作用，使得试板的瞬时弯曲挠度和冷却终了时的残余弯曲挠度与 I 之间并不呈单调的线性关系。而是当电弧电压及焊速均保持不变时，随焊接电流 I 的逐渐增大，试板末端的残余弯曲挠度 f 呈现一个由小变大、再由大变小的变化过程，即存在一个残余弯曲挠度为最大的临界焊接电流值。

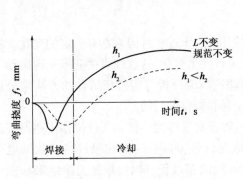

图 3－6－2　板宽 h 对弯曲变形的影响

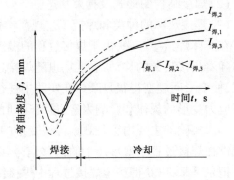

图 3－6－3　焊接电流 I 与试板弯曲变形关系

综上所述，可得出 $f—h—I$ 之间的关系曲线，如图 3－6－4 所示。

四、实验方法及实验步骤

（1）熟悉焊接加热及冷却过程变形测定方法的基本原理。

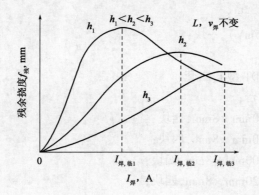

图 3 - 6 - 4　$f—h—I$ 关系曲线

（2）对位移传感器进行标定。标定方法见附录 C。

（3）将制作好带孔的试板用螺栓紧固在专用夹具上，保证一端成为刚性固定，并保证试板边缘与专用夹具的底板平行，如图 3 - 6 - 5 所示。

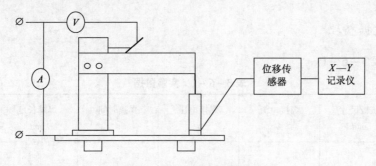

图 3 - 6 - 5　实验装置连接图

（4）将位移传感器的可动铁芯放在试板末端测点位置上，调节可动铁芯的位置，保证实验时上、下移动的距离（一般使铁芯居于中间位置），固定好位移传感器。测量并记录测点与始焊点的距离。

（5）按图 3 - 6 - 5 所示的线路图接好线路。

（6）选择好 $X—Y$ 记录仪的灵敏度，装上记录笔，接通电源，调节好笔的位置，保证记录的完整。

（7）按选定的焊接规范进行焊接，推荐为：$I = 110A$，$v_{焊} = 5.5mm/s$。

（8）焊接电弧引燃后立即启动秒表记录焊接时间，同时按下 $X—Y$ 记录仪的记录键，记录焊接过程的 $f—t$ 曲线。

（9）焊后立即关停秒表，记下焊接时间，但继续保持 $X—Y$ 记录仪工作，当 $X—Y$ 记录仪的记录曲线基本水平时方可停笔关机。

（10）更换试板，改变焊接规范参数，重复上述步骤，记录实验结果。

五、实验设备及材料

（1）手工电弧焊机，一台；

（2）电压表（150V），一只；

（3）电流表（200A），一只；

（4）分流器（200A/75mV），一块；

（5）专用夹具，一套；

（6）位移传感器（LVDT 型），二套；

（7）X—Y 记录仪，一台；

（8）试板：500mm×60mm×8mm，四块；

　　　　500mm×80mm×8mm，四块；

　　　　500mm×100mm×8mm，四块；

　　　　500mm×120mm×8mm，四块；

（9）电焊条（E4303，ϕ3.2mm、ϕ4mm）若干；

（10）秒表、扳手、螺丝刀、钢板尺、导线、绝缘胶布等。

六、实验数据整理及结果分析

1.实验数据整理

（1）填写表3-6-1。

表 3-6-1　实验数据

序号	试板尺寸 mm	焊接电流 A	焊接电压 V	焊接时间 s	焊缝长度 mm	焊接速度 mm/s
1						
2						
3						
4						
5						

（2）绘制不同焊接规范下试板自由端的 f—t 曲线。

（3）绘制不同板宽 h 下试板自由端的 f—t 曲线。

2.实验结果分析

（1）分析说明试板自由端 f—t 曲线的形成规律及形成机理。

（2）分析说明焊接电流对挠度的影响。

（3）分析说明不同板宽 h 对挠度的影响。

七、思考题

（1）沿板边缘纵向堆焊时，试板自由端纵向弯曲挠度为什么有符号变化？

（2）为什么焊接电流对挠度的影响不是直线关系，并存在一临界值？

（3）全部实验结果的规律性是否明显？有无异常现象？原因是什么？

实验 7　焊接残余应力的测定

第一部分　盲孔法测定焊接残余应力

一、概述

金属结构或机器零件经焊接加工后,会在其内部产生焊接残余应力。残余应力的峰值往往达到或超过基本材料的屈服极限 σ_S。当这些焊接构件承载时,由载荷引起的工作应力与其内部的焊接残余应力相叠加,将导致焊接构件产生二次变形和焊接残余应力重新分布,从而降低焊接构件的刚性和尺寸的稳定性;焊接构件在焊接残余应力和工作温度、工作介质的共同作用下,还将严重影响结构和焊接接头的疲劳强度、抗脆断能力、抗应力腐蚀开裂和高温蠕变开裂的能力。因此,对焊接残余应力进行测量和分析,掌握其产生和存在的规律性,正是为了对其采取各种技术措施,改善其分布特性,以期提高焊接接头或结构的承载能力,延长使用寿命和预防失效事故。

测量焊接残余应力的方法分为两大类。一类为无损伤性的物理测量方法,如 X 射线测量法、磁粉测量法、光测法和超声测量法等;另一类为具有一定损伤性的应力释放测量法,如分割全释放法、局部释放—电测法。其中局部释放—电测法又可分为盲孔法、套孔法、梳条法等。这些方法又以盲孔法对结构破坏性最小而应用较广。本次实验采用盲孔法来测定焊接残余应力。

二、实验目的

(1)掌握盲孔法测定焊接接头中的焊接残余应力的方法;

(2)加深对平板对接接头中焊接残余应力分布规律性的认识。

三、实验原理

工件经焊接加工后,其内部存在着残余应力场。在应力场内任意处钻一个一定直径和深度的盲孔后,随该处金属的去除,其中的残余应力即被释放,应力场原有的平衡受到破坏,这时盲孔周围的应力将重新分布,应力场达到新的平衡。盲孔周围的应变,其大小与被释放的应力是相对应的。测出这种应变,根据弹性力学理论便可推算出盲孔处的内应力。

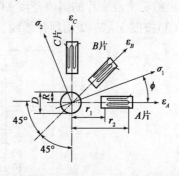

图 3 - 7 - 1　盲孔法测内应力布片示意图

D—盲孔直径;R—盲孔半径;r_1、r_2—盲孔中心到应变计两侧距离;ε_A、ε_B、ε_C—0°、45°、90°方向应变;ϕ—σ_1 与应变片 0°方向的夹角

如果钻孔前应变片粘贴在孔的周围如图 3 − 7 − 1 所示,钻孔后应变片即可感受到释放应变。测出钻孔前、后各应变片的应变值,便可按下式算出主应力 σ_1、σ_2,纵向应力 σ_X 的大小及主应力的方向 γ:

$$\sigma_1 = \frac{\varepsilon_A(A + B\sin\gamma) - \varepsilon_B(A - B\cos\gamma)}{2AB(\sin\gamma + \cos\gamma)} \quad\quad (3 - 7 - 1)$$

$$\sigma_2 = \frac{\varepsilon_B(A + B\cos\gamma) - \varepsilon_A(A - B\sin\gamma)}{2A \cdot B(\sin\gamma + \cos\gamma)} \quad\quad (3 - 7 - 2)$$

$$\sigma_X = \sigma_1\cos\phi - \sigma_2\cos\phi$$

$$\gamma = -2\phi = \arctan\left(\frac{2\varepsilon_B - \varepsilon_A - \varepsilon_C}{\varepsilon_A - \varepsilon_C}\right)$$

式中,A、B 为应变释放系数,需进行标定实验来确定其数值,用盲孔法测焊接残余应力时,A、B 的值与孔径、孔深、孔与孔的相对位置、应变片尺寸以及被焊材料种类等有关。

经标定,本实验的 A、B 值为

$$A = -\frac{1 + \mu}{2E}\left[\frac{R}{(r_2 - r_1)/2}\right]^2 \quad\quad (3 - 7 - 3)$$

$$B = \frac{3(1 + \mu)}{2E}\left[\frac{R}{(r_2 - r_1)/2}\right]^4 - \frac{2}{E}\left[\frac{R}{(r_2 - r_1)/2}\right]^2 \quad\quad (3 - 7 - 4)$$

式中　R——盲孔半径;

　　　r_1、r_2——盲孔中心到应变计两侧距离;

　　　E、μ——材料的弹性模量和泊松比。

四、实验内容及步骤

1. 实验准备

(1)用砂布打磨试板上待测部位表面,使其表面粗糙度不低于 Ra6.4,然后用丙酮除去试板表面油污。

(2)对待用的应变片进行外观检查,保证其无损;用数字万用表测量其阻值,要求每片应变花上的三个应变片的阻值差 $\leqslant \pm 0.1\Omega$。

(3)按图 3 −7 −2 用划针划线,定出钻孔和贴片的位置。

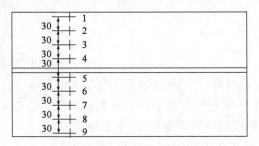

图 3 − 7 − 2　钻孔位置图

(4)将应变片待贴面用脱脂棉球蘸丙酮除油污,再滴上少许 502 胶水,涂匀,稍晾片刻后将应变片贴于试件待测点位置。用手指轻轻滚压应变片,挤出空气和多余的胶水,然后进行

24h 自然干燥。冬季可进行 <60℃ 的烘烤。

(5)用数字万用表检查应变片的粘贴质量,要求应变花的引线与试板间的绝缘电阻不小于 200 MΩ。

(6)将应变花的引线与测试导线用锡焊法焊在一起,注意两引线间及引线与试板间的绝缘。

2. 应变测量

(1)将试件上各应变花分组接入电阻应变仪回路。

(2)调节电阻应变仪,将各应变花的初始应变读数 ε_A、ε_B、ε_C 均调至 0 值。

(3)将钻孔装置通过放大镜与测点粗对中;再用 502 胶水将其底座固定在试件上;而后精确对中测试点;再将放大镜换为钻具进行钻孔,钻孔深度 h 应大于 2mm,钻速 ≤400 转/min。

(4)停钻后每隔 3min 记录一次 ε_A、ε_B、ε_C 值,直到相邻两次读数相差 1με 或相同时,以最末两次读数的平均值作为实验数据,进行记录。

(5)更换测试点,重复实验步骤(3)、(4)。

五、实验设备及材料

(1)盲孔法应力测定钻孔装(ZDL - Ⅱ),1 套;
(2)数字式电阻应变仪(WS - 3811),1 台;
(4)数字万用表,1 个;
(5)焊板(16Mn,500mm ×260mm ×8mm),2 块;
(6)应变花(纸基,TJ120 - 1.5 - φ1.5),9 片;
(7)钻头(φ1.5mm),1 根;
(8)100#砂布、丙酮、502 胶水、直尺、划针、导线、锡焊工具等。

六、实验数据整理及结果分析

1. 实验数据整理

(1)将实验测量出的各测点的应变量填入表 3 - 7 - 1 中。

表 3 - 7 - 1   应变量及残余应力数据

数据 \ 测点	1	2	3	4	5	6	7	8	9
ε_A,με									
ε_B,με									
ε_C,με									
σ_1,MPa									
σ_2,MPa									
σ_X,MPa									
γ									

（2）按式（3 - 7 - 1）、式（3 - 7 - 2）、式（3 - 7 - 3）、式（3 - 7 - 4）计算各测点的焊接残余应力 σ_1、σ_2 及其方向 γ 值、纵向残余应力 σ_x 值,填入表 3 - 7 - 1 中。

（3）根据计算出的焊接纵向残余应力 σ_x 值,在直角坐标系中绘出焊接接头的纵向残余应力沿板宽分布的曲线。

2. 实验结果分析

对实验所得的焊接接头纵向残余应力 σ_x 沿板宽分布的曲线进行分析与讨论。

七、思考题

实验所得的焊接纵向残余应力曲线与横坐标所围成的正、负两部分面积是否相等？如果不相等,试分析产生这种结果的原因。

第二部分　焊接残余应力的磁应变法测定

一、概述

在机械制造、石油化工、航天航空、建筑工程、铁路公路、水利电力等领域,材料的应力状态和微观结构是影响其运行寿命的主要因素。无损地检测出结构的残余应力具有重大的经济意义和实用价值。磁测法是根据铁磁材料受力后,磁性的变化来评定内应力,目前实用的方法有磁噪声法和磁应变法。CCYL - 98 型磁应变仪采用的是磁应变法。

本实验包括两部分内容:通过磁应变法测定焊接残余应力;通过优化处理的方法对测试结果进行处理。

二、实验目的

（1）了解 CCYL - 98 型磁应变仪基本结构和工作原理;
（2）掌握 CCYL - 98 型磁应变仪的使用方法;
（3）加深对焊接残余应力分布规律性的理解。

三、实验原理

磁应变法是一种利用铁磁材料的磁致伸缩效应原理无损地检测铁磁材料应力的方法,通过测定铁磁材料磁导率的变化来反映其应力的变化。

CCYL - 98 型磁应变仪的基本原理是通过传感器（探头）和一定的电路将铁磁材料磁导率的变化转变为电流量的变化,建立应力和电流值的函数关系,通过测量电流来确定应力。

磁导率的变化与应力之间存在线性关系：

$$\Delta\mu/\mu = \lambda_0\mu_0\sigma$$

其中

$$\Delta\mu = \mu_0 - \mu_\sigma \tag{3-7-5}$$

式中　λ_0——初始磁致伸缩系数；

　　　$\mu_0 \text{、}\mu_\sigma$——材料没有应力与有应力时的磁导率；

　　　$\Delta\mu$——磁导率的变化；

　　　σ——材料的应力；

　　　$\Delta\mu/\mu$——磁应变。

若 $\lambda_0 \text{、}\mu_0$ 为常数，则磁应变与应力 σ 成正比，这也是虎克定律的一种形式。式(3-7-5)体现在 CCYL-98 型应力仪中应力差与电流差成正比，其表达公式为

$$\sigma_1 - \sigma_2 = (1/\alpha)(I_2 - I_1) \tag{3-7-6}$$

式中　α——灵敏度系数，mA/MPa，视不同型号探头和被测材料，由标定实验确定，一般结构钢可采用仪器给出的推荐值；

　　　σ_1——最大主应力，MPa；

　　　σ_2——最小主应力，MPa；

　　　I_1——最大主应力方向电流输出值，mA；

　　　I_2——最小主应力方向电流输出值，mA。

主应力方向未知时，可通过式(3-7-7)确定主应力方向角及主应力差：

$$\theta = f_1(I_0, I_{45}, I_{90}) \tag{3-7-7}$$

$$\sigma_1 - \sigma_2 = f_1(I_0, I_{90}, \theta) \tag{3-7-8}$$

式中　θ——最大主应力方向与 X 轴的夹角，(°)；

　　　I_0, I_{45}, I_{90}——0°，45°，90°三个测量方向的测量电流值，mA。

已知各点的主应力差和主方向角，任一点 P 的应力分量可用切应力差法求得。

$$(\sigma_x)_P = \sigma_{x0} - \int_0^P \frac{\partial\tau_{xy}}{\partial y}dx \tag{3-7-9}$$

$$(\sigma_y)_P = (\sigma_x)_P - (\sigma_1 - \sigma_2)_P\cos(2\theta_P) \tag{3-7-10}$$

$$(\tau_{xy})_P = \frac{(\sigma_1 - \sigma_2)_P}{2}\sin(2\theta_P) \tag{3-7-11}$$

式中，σ_{x0} 为边界点的已知应力值，对自由边界 $\sigma_{x0} = 0$。

根据趋肤效应，趋肤深度可由下式确定：

$$S = \frac{5030}{\sqrt{\mu f/\rho}} \tag{3-7-12}$$

式中　S——趋肤深度，cm；

　　　ρ——电阻率，$\Omega\cdot$cm；

　　　μ——相对磁导率；

　　　f——激磁频率，Hz。

改变 f 可确定不同深度层的残余应力加权平均值：

$$(\sigma_{ij})_k = \frac{\int_0^{hk} \sigma_{ij} \exp(-z/hk)}{\int_0^{hk} \exp(-z/hk)} \qquad (3-7-13)$$

式中，$(\sigma_{ij})_k$ 为 0 至 hk 范围内残余应力加权平均值。根据不同层深的加权平均值，计算机可计算出应力梯度。

四、实验内容及步骤

（1）清理待测焊接接头试样的表面。

（2）根据需要确定测量点数，并用画线笔画出测点位置。

（3）将计算机与磁测应力仪主机连线。

（4）应力测量：

①启动计算机，进入 DOS 系统、E 盘 yl（或 C 盘）目录，打开 MSIBJB1 测量程序。

②进入采集界面后，按屏幕下提示进行操作。

③移动光标，进入"建立坐标"窗口栏，建立测点坐标，分别输入 X（焊板宽度方向）、Y（与焊缝平行的方向）、Z 方向（层深）测点数（起始点数为 0，X 向焊板边缘为 0 点，Z 向焊板表面为 0 点）；总点数须小于 6000 个；输入测点的 X、Y 坐标及 Z 坐标（$0.5 \leqslant h \leqslant 5$mm）。

④进入"测试"窗口栏，输入电导率，一般结构钢可取 $\rho = 1.0 \times 10^7 \Omega \cdot m$；输入相对磁导率，一般结构钢可取 300 左右。

⑤移动光标至"采样电流数据"栏，按 Enter 键，出现采样测点坐标图；按计算机键盘上" + "" – "键，输入激励电流设定值（括号内的值）。激励电流设定值取标定值，一般钢材可取 140 ~ 160A。

⑥仪器输出电流调零：将测量探头、补偿探头同时空置，打开磁测应力仪主机电源开关，预热 20 分钟；待激励电流括号内的值（设定值）与括号外的值（实际值）一致时，按调节仪器主机面板上"激励"/"测量"键，使其处于"激励"状态（此时按键灯亮），旋转"调零"旋钮，使输出电流值为零（此时仪器主机面板上输出电流框内电流值也应为零或近似为零）。

⑦测点电流采集：按调节仪器主机面板上"激励"/"测量"键，使其处于"测量"状态（此时按键灯熄），将界面上光标移至测点 1；将测量探头置于焊板上测点 1 位置，将补偿探头置于一块与焊板同材质的无应力钢板上。注意，测量探头、补偿探头须同时接触钢板。

⑧将测量探头定位标记置于测点 1 的 0°方向，待屏幕下输出电流值稳定不变时，按数字"1"，保存测点 0°方向电流数据；同样分别在测点 1 的 45°、90°方向进行测量，分别按下数字"2""3"，保存 45°、90°测点电流数据。其他测点的测量方法相同（焊板边缘测点电流值为 0，不用测量）。

（5）计算平均应力及分布应力：

①关闭磁测应力仪主机电源开关；

②进入数据处理窗口；

③赋初始应力，即焊板边缘自由边界应力 σ_x、τ_x 设为 0；

④计算平均应力及分布应力；

⑤显示 X、Y、Z 方向应力的分布曲线。

（6）存取数据：进入存取界面，保存数据。

(7)打印结果:进入微打界面,打印结果。

五、实验设备及材料

(1)磁应变仪(CCYL－98 型),1 套;
(2)计算机,1 台;
(3)焊接接头试板,1 块;
(4)丙酮、药棉,若干。

六、实验数据整理及结果分析

(1)对焊接残余应力分布规律性及机理进行分析。
(2)实验误差分析。

七、仪器操作注意事项

(1)当计算机进入 MSIBJB1 测量程序的"采样电流数据"栏,出现采样测点坐标图后;才能打开磁测应力仪主机电源开关。

(2)打开磁测应力仪主机电源开关后,若激励电流实际值(括号外的值)与设定值(括号内的值)相差很大,并且没有向设定值靠近的趋势,则说明仪器有问题,应立即(10s 内)关闭磁测应力仪主机电源开关。

(3)仪器输出电流调零时,若输出电流值很大,并且旋转"调零"旋钮输出电流值也不能归为零,则说明仪器有问题,或探头电缆中信号线有脱、断状况,应立即(10s 内)关闭磁测应力仪主机电源开关。

(4)当电流信号采集结束后,应立即关闭磁测应力仪主机电源开关。系统可自行进行数据处理。

(5)仪器输出电流调零时,测量探头、补偿探头须同时空置;测点电流采集时,测量探头、补偿探头须同时接触钢板。切忌测量探头、补偿探头一个空置,一个与钢板接触。

实验 8　交流电弧特性的测定

一、概述

交流电弧的燃烧过程,在物理本质上与直流电弧相同。交流电弧也具有非线性电阻,所以由交流电压和电流的有效值所建立的电弧静特性曲线和直流电弧的静特性曲线具有同样的形式。

交流电弧一般由 50 周波交流电源供电,所以在每秒内电弧电流过零点 100 次,即电弧熄灭和再引燃100次。这种电弧燃烧的特点,改变了交流电弧放电的物理条件,使交流电弧具有如下电和热的物理过程。

1. 电弧周期性熄灭和再引燃

交流电弧电压和电流波形见图3-8-1。

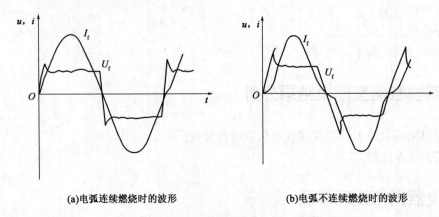

(a)电弧连续燃烧时的波形　　　　　　　　(b)电弧不连续燃烧时的波形

图3-8-1　交流电弧电压和电流波形

电弧电流在每半波过零点的瞬间,电弧也瞬间熄灭。这时电弧气氛的温度下降,电弧空间的异性带电粒子发生中和,电弧气氛的导电能力降低,使引燃电弧发生困难。电流过零点后,电压改变极性时,早在上半波内电极附近形成的空间电荷力图趋向另一极,加强了异性带电粒子的中和作用,电弧气氛的导电能力进一步降低,使再引燃电弧更加困难。这样,只有电源电压增大到超过再引燃电压以后,电弧才有可能被再次引燃。如果焊接回路中没有足够的电感,则电弧熄灭以后,要经历一段熄弧时间,才能被再次引燃,这样电弧便不能连续燃烧[图3-8-1(b)]。熄弧时间越长,则再引燃电压越高,电弧就越不能连续燃烧。如果再引燃电压大于电源电压峰值,则电弧将不能再次被引燃而熄灭。

2. 电弧电压和电流的波形不按正弦曲线变化

交流电弧电压和电流的变化,使电弧气氛的电阻、温度和电极表面的温度也随时变化。所以,虽然电源电压 U_0 按正弦曲线变化,但电弧电压 U_f 和电流 I_f 却不能按正弦曲线变化(图3-8-1)。

3. 热惯性作用较明显

由于电弧电压 U_f 和电弧电流 I_f 变化得很快,电和热的变化来不及达到稳定状态,使得电弧温度的变化落后于电的变化。

本次实验内容为观察与分析交流电阻电路及交流电感电路的电弧电流、电弧电压波形以及交流电弧的动特性图形,以加深对交流电弧特点的理解。

二、实验目的

(1)观察交流电弧电压和交流电弧电流的波形,熟悉其特点;

(2)了解交流焊接回路中电阻、电感对电弧电压、电弧电流波形的影响及对电弧稳定性的影响；

（3）观察交流电弧动特性图形，了解电弧物理状态的惰性。

三、实验原理

1. 电阻性电路

当焊接回路中的电阻 R 远大于电感 L 时，可以把焊接回路看成是纯电阻性电路。这时，电弧电压和电流的波形如图 $3-8-2$ 所示。

t_1 是电弧熄灭时间，电源电压 U 经历时间 t_1，从零上升到再引燃电压 U_{yh} 的瞬间，电弧才能引燃。再引燃电压 U_{yh} 的值为

$$U_{yh} = U_m \sin\omega t_1 \tag{3-8-1}$$

$$t_1 = \frac{1}{\omega}\sin^{-1}\frac{U_{yh}}{U_m} \tag{3-8-2}$$

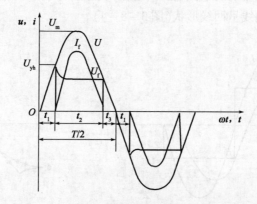

图 $3-8-2$　纯电阻性电路交流电弧电压和电流的波形图

在时间 t_2 内，电源电压 U 不低于电弧电压 U_f，电弧持续燃烧，直到 $(t_1 + t_2)$ 时刻，电源电压将低于电弧电压，电弧又重新熄灭。熄弧瞬间电弧电压 U_x 为

$$U_x = U_m \sin(\pi - \omega t_3) = U_m \sin\omega t_3 \tag{3-8-3}$$

因为这时

$$U_x = U_f \tag{3-8-4}$$

所以

$$t_3 = \frac{1}{\omega}\sin^{-1}\frac{U_f}{U_m} \tag{3-8-5}$$

在一个周期内，电弧熄灭的时间为

$$t_x = 2(t_1 + t_3) = \frac{2}{\omega}\left(\sin^{-1}\frac{U_{yh}}{U_m} + \sin^{-1}\frac{U_f}{U_m}\right) \tag{3-8-6}$$

可见，纯电阻性电路的电弧燃烧过程中具有熄弧时间，所以电弧不易稳定连续燃烧。要减少熄弧时间 t_x，根据式（$3-8-3$），应增加电源的空载电压 U_m，降低引弧电压 U_{yh} 和电弧燃烧电压 U_f，或提高电源频率 ω。然而，这些参数的变动将受到一定条件的限制。

2. 电感性电路

焊接回路中串入电感线圈，当电感 L 的影响远大于电阻 R 时，可以把焊接回路看成是纯

电感性电路。这时,电弧电压和电流的波形如图 3 - 8 - 3 所示。该图表明,只要电路中电感 L 的值足够大,使焊接电流 I_f 滞后电源电压 U 有一定相位角 φ,并且在 $\omega t = 0, \pi, 2\pi, \cdots$ 时,电源电压 U 的值已达到再引燃电压 U_{yh},便能保证立即再引燃电弧。同时,在每个半波中到了 $U < U_f$ 时,足够大的电感 L 产生足够大的感应电流 $e_L = L(d_i/d_t)$,也能阻止电流突然减小而维持电弧继续燃烧。

可见,在交流电弧回路中适当地减小电阻 R 和增大电感 L,可以提高交流电弧燃烧的稳定性。

3. 交流电弧的动特性

电弧气氛的热惯性使电弧热的变化滞后于电的变化。某一时刻的瞬时电流使电弧气氛发生热电离的效应,要推迟一定的时间以后才能表现出来。因为,当电流从零值增加到某一值和由峰值减小到同一值时,虽然两个电流瞬时值相同,但是电流增大过程中,电弧气氛的热电离程度比较低,电弧电压较高;而电流减小过程中,电弧气氛的热电离程度较高,电弧电压较低。这种半个波内同一瞬时电流值的电弧电压瞬时值的差别,体现了交流电弧的动特性,因此,电弧电压和电流的瞬时值曲线呈回线形状(图 3 - 8 - 4)。

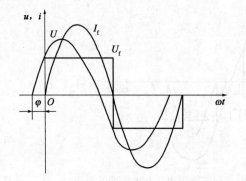 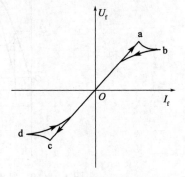

图 3 - 8 - 3　纯电感性电路交流电弧电压和电流的波形图　　图 3 - 8 - 4　交流电弧动特性图形

四、实验内容及步骤

1. 交流电阻性电路($R \gg L$)波形观察

(1)熟悉实验所用设备、仪器及实验电路。

(2)按图 3 - 8 - 5 接好线路,闭合开关 K_1。

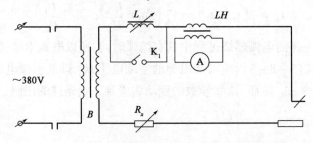

图 3 - 8 - 5　交流电弧特性测定实验电路图

（3）调节变阻器的阻值，将电流调至90A，进行焊接。通过双踪示波器分别观察并描绘电源电压和电弧电流的波形 $U(t)—I_f(t)$、电弧电压和电源电压的波形 $U_f(t)—U(t)$、电弧电压和电弧电流的波形 $U_f(t)—I_f(t)$，注意其相位关系。测量信号时，示波器探头的两个接地端要接在两个电信号的公共端上。

2. 交流电感性电路（$L \gg R$）波形观察

（1）将变阻器的所有闸刀闭合，使电路的电阻减小，打开开关 K_1 并调节电抗器的电感值，使回路电流值为75A。

（2）通过双踪示波器分别观察并描绘电源电压和电弧电流的波形 $U(t)—I_f(t)$、电弧电压和电源电压的波形 $U_f(t)—U(t)$、电弧电压和电弧电流的波形 $U_f(t)—I_f(t)$，注意其相位关系。

3. 交流电弧动特性图形观察

实验电路同2。将 U_f 信号输入示波器的 Y 通道，将 I_f 信号输入示波器的 X 通道，观察并描绘电弧动特性图形。

五、实验设备及材料

（1）交流弧焊机（BX$_1$ - 315 型），1 台；

（2）变阻器（BP - 300 型），1 台；

（3）电抗器（HJK - 200 型），1 台；

（4）双踪示波器（DS5062CAE 型），1 台；

（5）交流电流表（150A/5A），1 只；

（6）交流互感器（150A/5A），1 只；

（7）焊条（E4303，ϕ2.5mm），数根；

（8）钢板，若干；

（9）扳手，1 把。

六、实验数据整理及结果分析

1. 实验数据整理

（1）描绘交流电阻电路中电源电压、电弧电压及电弧电流的波形 $U(t)—U_f(t)—I_f(t)$；描绘交流电感电路中电源电压、电弧电压及电弧电流的波形 $U(t)—U_f(t)—I_f(t)$。

（2）描绘交流电弧动特性图形。

2. 实验结果分析

（1）对比交流电阻电路与交流电感电路的电弧再引燃电压 U_{yh}、熄弧时间 t_x 的大小，并解释造成差异的原因，从而说明电感对交流电弧燃烧稳定性的影响。

（2）解释交流电弧动特性，为什么电弧热的变化显现滞后现象？

七、思考题

手工电弧焊时,有哪些因素影响电弧再引燃电压 U_{yh} 的高低和熄弧时间 t_x 的长短。

实验 9 弧焊电源特性的测定

一、概述

电弧焊时,弧焊电源与电弧组成一个供电与用电的系统。在系统稳定工作状态下,弧焊电源输出的电压和电流之间的关系称为弧焊电源的外特性。手工电弧焊保持恒定的弧长是困难的,只有当弧长变化时焊接电流变化很小,才能保证电弧的稳定燃烧和焊接规范的稳定。要保证这个要求,手工电弧焊电源就应当具有陡降的外特性。通过增大焊接回路的电抗,可获得弧焊电源的陡降外特性。其具体方法是在焊接回路中串联一个电抗器或增大弧焊变压器自身的漏抗。

弧焊电源的调节特性是指电源输出电流、输出电压和电源等效漏抗的关系。通过改变弧焊电源变压器的等效漏抗,可得到不同陡度的电源外特性曲线,从而达到调节规范的目的。

本次实验将通过测定弧焊电源外特性及调节特性,来熟悉弧焊电源的外特性曲线形状特征及影响其形状特征的因素,并且熟悉电流调节的机理及其方法,从而掌握对弧焊电源的基本要求。

二、实验目的

(1)熟悉 BX_1C-300 型交流弧焊机的构造和调节电流的方法;

(2)学会测定一般弧焊电源外特性和调节特性的方法。

三、实验原理

1. BX_1-315 型交流弧焊机结构特点及电流调节

BX_1-315 型交流弧焊机的结构原理如图 3-9-1 所示。焊机采用动铁分磁式,动铁芯提供磁分路增强了漏磁,从而保证了电源外特性的陡降。当动铁芯沿窗口平面做垂直方向移动时,则可无级均匀的调节焊接电流。

2. 焊机的电路原理

(1)焊机的初级电压 U_1 和空载电压 U_0 的关系式为

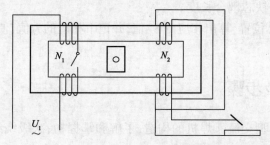

图 3 - 9 - 1　BX₁C - 315 型交流弧焊机结构原理图

$$U_0 = \frac{N_2}{N_1} K_m U_1 \qquad (3 - 9 - 1)$$

其中
$$K_m = \Phi_0 / (\Phi_0 + \Phi_{fL} + \Phi_{L1}) \qquad (3 - 9 - 2)$$

式中　N_1——初级绕组线圈匝数；

　　　N_2——次级绕组线圈匝数；

　　　U_0——空载电压；

　　　U_1——初级输入电压；

　　　K_m——弧焊变压器耦合系数；

　　　Φ_0——弧焊变压器主磁通；

　　　Φ_{fL}——初级附加漏磁通；

　　　Φ_{L1}——初级空气漏磁通。

　　由上式可知,弧焊变压器的空载电压除与初级电压和初、次级线圈匝数有关外,还与弧焊变压器的磁通有关。改变弧焊变压器的磁通,则可改变弧焊变压器的外特性曲线特征。

　　(2)焊机的外特性方程和电流短路方程分别为

$$\overset{\&}{U}_f = U_0 - J\overset{\&}{I}_f X_{ZL} \qquad (3 - 9 - 3)$$

$$I_d = \frac{U_0}{X_{ZL}} \qquad (3 - 9 - 4)$$

其中
$$X_{ZL} = X_L + X_{fL} \qquad (3 - 9 - 5)$$

$$X_{fL} = \frac{395 N_2^2 S_\delta}{\delta} \times 10^{-8} \qquad (3 - 9 - 6)$$

$$S_\delta = bl \qquad (3 - 9 - 7)$$

式中　U_f——电弧电压；

　　　U_0——空载电压；

　　　I_f——焊接电流；

　　　X_{ZL}——焊机总的等效漏抗；

　　　I_d——短路电流；

　　　X_L——空气漏抗；

　　　X_{fL}——附加漏抗；

　　　N_2——次级绕组线圈匝数；

　　　S_δ——动铁芯有效截面积；

　　　δ——空气隙长度；

　　　b——动铁芯宽度；

l——动铁芯与静铁芯耦合长度。

由上式知,移动铁芯位置,算出相应的 S_δ 值,并记下相应的 I_d 值,便可描绘出调节特性$I_d = f(S_\delta)$的曲线。

四、实验内容及步骤

(1)观察 BX_1 -315 型交流弧焊机的构造,了解和掌握初、次级绕组分布的特点和绕组的接线,电流调节机构,并了解焊机铭牌内容的含义。

(2)测定焊机的外特性曲线。

①按图 3 - 9 - 2 接好线路。

②旋转手柄,移动动铁芯,使焊机电流指示针处于 70A 的位置,把变阻器的闸刀全部拉开,记录空载电压值。

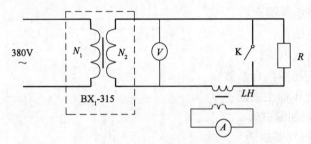

图 3 - 9 - 2　实验线路图

③逐次合上变阻器的各个开关,逐步减少变阻器的电阻值以增大电流,最后将变阻器短路。每调一次电阻,把电压表及电流表上相应的读数记录于表 3 - 9 - 1 中。

④旋转手柄,移动动铁芯,使焊机电流指示针处于电流指示牌上 205A 的位置,重复步骤②、③。

表 3 - 9 - 1　动铁芯在不同位置时,输出的电压、电流值

动铁芯 位置	I = 70A	I_f, A	
		U_f, V	
	I = 205A	I_f, A	
		U_f, V	

(3)测定焊机的调节特性。

①旋转手柄,由里向外分五次移出动铁芯,再把与每个耦合长度 l 值相对应的空载电压值 U_0 和短路电流值 I_d 记录于表 3 - 9 - 2 中;

表 3 - 9 - 2　改变动铁芯位置时的输出电压、电流值

S_δ, cm^2	l	U_0, V	I_d, A
	L		
	4/5L		
	3/5L		
	2/5L		
	1/5L		
	0		

②量出动铁芯的有效宽度 b 和总长度 L，根据式(3-9-6)分别计算出各 l 值时的动铁芯有效截面 S_δ 值，记录于表 3-9-2 中。

注意事项：读取短路电流 I_d 的读数时，动作要快，以免电流长时间过大，使弧焊机过热而损坏。

五、实验设备及材料

(1)交流弧焊机(BX₁-315 型),1 台；

(2)变阻器(BP-300 型),1 台；

(3)交流电流表(5A),1 只；

(4)交流电压表(150V/75V),1 只；

(5)交流互感器(300A/5A),1 只；

(6)钢板尺、扳手,各 1 把。

六、实验数据整理及结果分析

1. 实验数据整理

(1)填写表 3-9-1、表 3-9-2。

(2)绘制弧焊机外特性曲线：根据表 3-9-1 的数据，取电压 U_f 为纵坐标，以电流 I_f 为横坐标，绘出弧焊机 $I=70A$ 和 $I=205A$ 时的外特性曲线。

(3)绘制弧焊机调节特性曲线：根据表 3-9-2 的数据，分别取短路电流 I_d 和空载电压 U_0 为纵坐标，动铁芯的有效截面 S_δ 为横坐标，绘出调节特性曲线 $I_d=f(S_\delta)$、$U_0=f(S_\delta)$。

2. 实验结果分析

分析动铁芯在较里位置时，弧焊机空载电压低、短路电流小；动铁芯在较外位置时，其空载电压高、短路电流大的原因。

七、思考题

为什么弧焊机能频繁短路而不会烧坏？是什么在起作用？

实验 10　高强钢冷裂纹插销试验

一、实验目的

(1)初步掌握冷裂纹插销试验法；

(2)加深对影响冷裂纹产生的三大因素的认识。

二、实验原理

用插销试验测定钢的冷裂倾向的原理为:将被测定的金属材料加工成一定形状的插销试棒[图3-10-1(a)],试验时把插销插入底板[图3-10-1(b)]中,使插销顶端与底板上表面平齐,然后在底板上通过插销端部位置堆焊一道试验焊缝,选择焊接规范控制熔深,使缺口位于靠近熔合线的粗晶区内。当焊缝冷却到150℃时,对插销施加选定的拉伸载荷,并保持这一载荷直至插销断裂。拉伸应力越小,插销承载的时间越长。当拉伸应力小于或等于某一数值时,插销就不再断裂,此时的应力值称为"临界应力",用σ_{cr}表示。它可以作为评定被测定金属材料冷裂纹敏感性的指标。

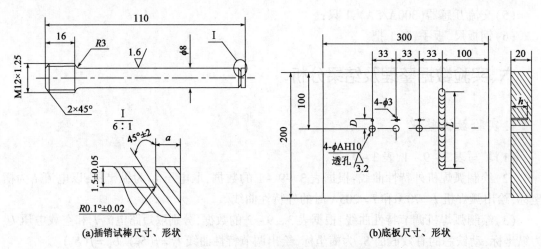

(a)插销试棒尺寸、形状   (b)底板尺寸、形状

图3-10-1 插销试验试件尺寸、形状图

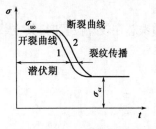

图3-10-2 延迟断裂时间
与应力的关系

1. 开裂曲线与断裂曲线

实验时,可以采用"开裂准则"和"断裂准则"。开裂曲线与断裂曲线的关系如图3-10-2所示。曲线1为材料的开裂曲线,曲线2为材料的断裂曲线。由图可见,含氢材料加载断裂时,存在一个上临界应力σ_{uc},超过此应力,试件很快断裂,没有延迟破坏的现象。此外,还存在一个下临界应力σ_{cr},低于此值时,不管加载时间多长,试件也不会断裂。而当应力位于σ_{uc}和σ_{cr}之间时,就会产生由氢引起的延迟裂纹。

当采用插销试验测定钢材的冷裂敏感性时,可按下列三个指标评定试验结果:

(1)焊缝金属的扩散氢含量。

(2)不出现裂纹的最高冷却速度,即临界冷却时间$(t_{100})_{cr}$。

(3)临界应力$(\sigma_{cr})_F$为插销不产生断裂的最高应力。

2. 影响焊接冷裂纹的因素

1)淬硬组织对冷裂纹的影响

金属材料淬硬倾向主要取决于其化学成分、板厚、焊接工艺和冷却条件等。焊接时,其淬硬倾向越大,越易产生冷裂纹。这是因为淬硬时形成脆硬的马氏体组织,特别是孪晶马氏体,致使组织会形成更多的晶格缺陷。

2)扩散氢对冷裂纹的影响

氢会导致晶间弱化而产生晶间断裂。金属材料焊接接头的含氢量越高,则形成冷裂纹的敏感性越大,当局部地区的含氢量达到某一临界值时,便开始出现裂纹。焊缝中扩散氢含量对应力—时间曲线的影响如图 3 - 10 - 3 所示。

焊前预热对断裂应力—时间曲线的影响如图 3 - 10 - 4 所示。一般预热温度越高,σ_{cr} 越大。因为预热改善了氢扩散的条件和焊件的应力状态,从而使冷裂纹不易产生。

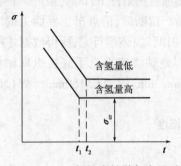 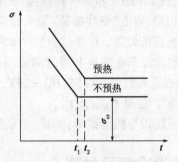

图 3 - 10 - 3　焊缝中扩散氢含量对　　　　图 3 - 10 - 4　预热温度对应力—
　　　　　　应力—时间曲线的影响　　　　　　　　　　　　时间曲线的影响

3)焊接接头的拘束度对冷裂纹的影响

冷裂纹的产生与应力条件有关。拘束应力越大,越易产生冷裂纹。为了防止产生冷裂纹,必须设法减小焊接接头拘束应力。

三、实验方法及步骤

1. 实验方法

实验分为四个大组,每一大组分两个小组。每一大组进行下列一组条件的实验:
(1)E4303 焊条不烘干,底板及试棒不预热。
(2)E4303 焊条烘干加热到 200℃,保温 2h,底板及试棒不预热。
(3)E5015 焊条烘干加热到 400℃,保温 2h,底板及试棒不预热。
(4)E5015 焊条烘干加热到 400℃,保温 2h,底板预热 200℃,试棒不预热。
加载温度为 150℃。

2. 实验步骤

(1)将未预热的底板及试棒用砂布和丙酮除锈、除油。
(2)将需要烘干的焊条和需要预热的底板、试棒按要求处理。
(3)拨开总电源开关,打开电脑,打开软件,建立工程运行试验程序界面,打开"总开关""加载电机开关""传感器开关"。
(4)用储能点焊机焊接热电偶于底板小孔中,用吸铁石确定热电偶正负(能吸住的为负)。

（5）点击软件上"系统启动"按钮。按照确定的焊接规范，在底板上熔覆一条焊道，尽量使焊道中心线通过插销端面中心。焊道长100～150mm（同组试验中焊道长应相等），且该焊道的熔深应符合冷裂纹试验标准规定。注意在焊接前点击"系统启动"，用以保证在图形窗口中能在5min内采集到完整的温度曲线。

（6）焊接完成后，观察显示器中温度变化，不低于150℃时，给插销施加所需的拉伸静载荷。焊后可适当拧紧试验台上的"拉力传感器"下的螺母，使加载更快。规定的载荷应该在1分钟内并在试件冷却到100℃以前加载完毕。如果后热，应在后热以前加载。

（7）插销在一定时间后断裂，应记录插销承载时间。如一段时间内不断裂（在不预热条件时，载荷保持16h后不断即可卸载；如在预热或预热加后热条件下，试件至少要保持24h），在到达保载时间以后，点击"继续加载"加大载荷将其拉断。拉断后，请点击主界面上的"杠杆调整"来恢复到试验前的设置。注意试验至少要将"拉力—时间"窗体运行完，所得数据才得以保存。

（8）给定的焊条在底板上通过试棒顶部施焊，焊缝轴线应垂直于底板纵向轴线。推荐采用下列焊接规范参数：$I_{焊}=155$，$U_{焊}=25V$，$v_{焊}=150mm/min$，焊道长150mm。焊接时注意保持焊接规范稳定。记录$U_{焊}$、$I_{焊}$、$t_{焊}$。

（9）取下底板与插销试棒，测量、记录焊道实际长度。

四、实验设备及材料

（1）插销试验机（ICT-10型），一台；
（2）电容储能式热电偶焊机，一台；
（3）直流弧焊机，一台；
（4）镍铬—镍硅热电偶或铂铑—铂热电偶，两对；
（5）高强钢标准插销试棒（45#，钢），数根；
（6）底板（45#钢，300mm×200mm×20mm），数块；
（7）焊条（E5015、E4303，$\phi4mm$），数根。

五、实验报告要求

1. 实验数据整理

填写表3-10-1。

表3-10-1　实验数据记录

序号	焊条及烘干规范	焊接电压 V	焊接电流 A	焊接速度 mm/min	线能量 kJ/cm	800℃冷却至500℃所需时间,s	断裂时间 min	实加载荷 MPa

2. 实验结果分析

(1) 分析焊缝中扩散氢含量对高强钢抗冷裂纹能力的影响。

(2) 分析高强钢焊件焊前预热对抗冷裂纹能力的影响。

(3) 综述影响冷裂纹的因素和防止冷裂纹的措施。

第四章

材料成型及控制实验

实验 1　板料拉深成型实验

一、实验目的

(1)了解拉深模具的工作过程;

(2)理解板材拉深变形过程;

(3)能够分析拉深件典型区域的壁厚变化特点。

二、实验内容

制备金属薄板拉深试样,在液压机上利用拉深模具对试样进行拉深,测试拉深件的厚度分布,分析拉深件壁厚的变化规律。

三、实验原理

1.拉深的基本概念

将毛坯通过模具制成开口空心零件的冲压工艺方法称为拉深,也可以称为拉延。拉深工序可以制成圆筒形、盒形、锥形、球形、阶梯形以及形状复杂的覆盖件。拉深工序加工的零件尺寸范围大,应用也非常广泛。

拉深零件的形状多种多样,各类零件的拉深特点和成型规律也是各不相同。对于拉深成型的区分可以按使用拉深设备的不同分为单动拉深、双动拉深和三动拉深;也可以按板料在拉深成型过程中厚度是否变化而分为变薄拉深和不变薄拉深;或者按零件的形状不同可以分为圆筒形件拉深、曲面零件拉深、盒形件拉深以及复杂形状零件拉深。

拉深模具工作如图 4 - 1 - 1 所示。拉深模的主要零件有凸模、凹模和压边圈。在凸模的作用下,原始直径为 D_0 的毛坯,在凹模端面和压边圈之间的缝隙中变形,并被拉进凸模与凹模之间的间隙里形成空心零件。零件上高度为 H 的直壁部分是由毛坯的环形部分(外径为 D_0、

内径为 d)转化而成的,所以拉深时毛坯的环形部分是变形区,而底部通常被认为是不参与变形的不变形区。压边圈的作用主要是防止拉深过程中毛坯凸缘部分失稳起皱。其凸模与凹模和冲裁时不同,它们的工作部分都没有锋利的刃口,而是制成一定的圆角半径,凸、凹模之间的间隙稍大于板料厚度。

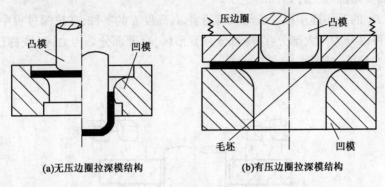

(a)无压边圈拉深模结构　　　　**(b)有压边圈拉深模结构**

图 4 - 1 - 1　拉深工作示意图

2. 圆筒形件拉深变形与力学分析

如图 4 - 1 - 2 所示,直径为 D、厚度为 t 的圆板毛坯经拉深模拉深,得到了直径为 d 的开口圆筒形工件。

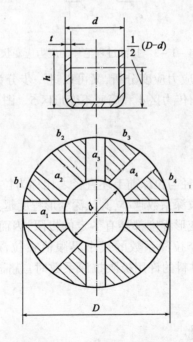

图 4 - 1 - 2　材料的转移示意图

在拉深变形过程中,毛坯的环形部分分为变形区,变形区内金属因塑性流动而发生了转移。如图 4 - 1 - 2 所示,如果将圆板毛坯的三角形阴影部分 b_1、b_2、b_3……切除,留下狭条部分 a_1、a_2、a_3……,然后将这些狭条沿直径为 d 的圆周弯折过来,再把它们加以焊接,就可以得到直径为 d 的圆筒形工件。此时,圆筒形工件的高度为:$h = (D - d)/2$。但在实际拉深过程中,三角形阴影部分的材料并没有被切掉,而是在拉深过程中由于产生塑性流动而转移了。这部分被转移的三角形材料,通常称为"多余三角形"。所以,拉深变形过程,实际上是"多余三角形"因塑性流动而转移的过程。

"多余三角形"材料转移的结果,一方面要增加工件的高度,使工件的实际高度 $H > (D - d)/2$;另一方面要增加加工件口部的壁厚。

将直径为 D_0 的毛坯逐步拉深成为具有直径 d、高度 h 的零件,在拉深过程中,根据拉深毛坯的不同状态可以分为三大部分:凸缘部分是变形区,直壁部分是传力区(或称已变形区),而筒底部分是不变形区,见图 4-1-3。

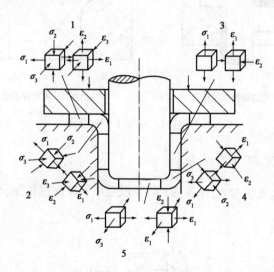

图 4-1-3 拉深过程毛坯的应力应变状态

通过对毛坯三大部分进行应力应变分析,又可以进一步分为:凸缘变形区 1、凹模圆角变形区 2、直壁传力区 3、凸模圆角传力区 4 和筒底不变形区 5。图 4-1-3 显示了各个部位的应力应变状态。

3. 拉深系数

每次拉深后圆筒形件的直径与拉深前毛坯直径之比称为拉深系数,拉深系数可以用来反映圆筒形件拉深的变形程度,拉深系数越小,其拉深变形程度越大。

对于每一种材料,其塑性变形程度都会有一定的极限,因而每一种材料的拉深系数也必然会有一个最小界限值。这个拉深系数的最小界限值在拉深工艺中称为极限拉深系数。当成型零件的拉深系数小于材料的许用极限拉深系数时,就需要进行多次拉深才能完成零件的成型。

四、实验方法及步骤

(1)将 1、2、3、4、5 号铝板分别放在拉深模上拉深相同的变形程度;

(2)测量不同铝板的凹模圆角变形区、凸模圆角传力区和不变形区的壁厚;

(3)将拉深变形程度变大,然后把铝板放在拉深模上拉深,使铝板拉裂。

五、实验设备及材料

液压机、拉深模具、垫板、不同尺寸及厚度的铝板若干。

六、实验报告要求

（1）将测量数据填写在表4-1-1。

表4-1-1　测量数据表

	长，mm	宽，mm	厚，mm	凹模圆角变形区壁厚，mm	凸模圆角传力区壁厚，mm	不变形区壁厚 mm
1号铝板	180	60				
2号铝板	180	80				
3号铝板	180	100				
4号铝板	180	100				
5号铝板	180	100				

（2）将拉深件凹模圆角变形区、凸模圆角传力区和不变形区的壁厚和原始铝板的壁厚比较，分析这些区域的壁厚是如何变化的。

（3）分析铝板拉裂的原因。

实验2　板材弯曲成型实验

一、实验目的

（1）了解板材的弯曲变形过程；
（2）理解板材弯曲变形的特点；
（3）掌握弯曲件回弹量的分析与计算。

二、实验内容

制备不同材料和尺寸规格的金属薄板弯曲试样，在液压机上利用弯曲模具对试样进行弯曲，测试不同试样的回弹角，分析各种参数对回弹的影响。

三、实验原理

1. 弯曲变形分析

将各种金属毛坯弯成具有一定角度、曲率和形状的加工方法称为弯曲。平板毛坯在弯曲力矩的作用下曲率发生变化,毛坯内层金属在切向压应力作用下产生压缩变形,外层金属在切向拉应力作用下产生伸长变形。如图 4 - 2 - 1 所示,弯曲变形区是在 ABCD 部分。毛坯弯曲的初始阶段,外弯曲力矩的数值不大,毛坯内外表面的应力小于材料的屈服强度 σ_s,使毛坯变形区产生弹性弯曲变形,这一阶段称为弹性弯曲阶段;当外弯曲力矩继续增加,毛坯内外表面应力值首先达到材料屈服强度 σ_s 而产生塑性变形,随后塑性变形向中间扩展,直到整个毛坯内部应力都达到或超过屈服强度,这个过程是弹—塑性弯曲阶段和纯塑性弯曲阶段。

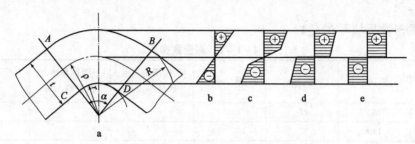

图 4 - 2 - 1　弯曲变形区切向力分布

a—平板毛坯弯曲变形;b—弹性变形;c—弹—塑性弯曲;d—纯塑性弯曲;e—无硬化纯塑性弯曲

在图中可以看到弯曲各阶段毛坯内部切向应力的分布,从毛坯外层的切向拉应力过渡到内层的压应力,中间有一层金属的切向应力为零或应力不连续,通常将这一中间层称为应力中性层,曲率半径用 ρ_σ 表示。同样,在弯曲变形时,毛坯外层受切向拉应力作用产生伸长变形,内层受压应力作用产生压缩变形,而中间必须有一层金属长度不变,这层金属称为应变中性层,曲率半径用 ρ_ε 表示。

在弯曲变形开始之后,毛坯产生弹性弯曲,当弯曲变形程度较小时,应力中性层和应变中性层相重合,位于板料厚度的中间,即 $\rho_\sigma = \rho_\varepsilon = r + t/2$。

当弯曲变形程度增大,弯曲圆角半径 r 减小时,应力中性层和应变中性层都从板厚的中间向内层移动,而应力中性层的位移大于应变中性层的位移,即 $\rho_\sigma < \rho_\varepsilon$。

毛坯在弯曲变形时,由于中性层内移,其外层拉伸变薄范围增加,内层压缩变厚区域逐渐减少,因此,外层变薄量大于内层增厚量,板料毛坯出现厚度变薄的现象,即板料厚度由 t_0 变成 t_1,而

$$t_1 = \eta t_0$$

式中　η——变薄系数。

在弯曲变形区,板料宽度比厚度尺寸大得多,弯曲时在宽度方向可近似认为不产生变形,根据塑性变形体积不变原理,板料因为变薄而将导致长度增加。

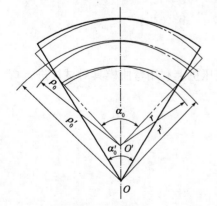

图 4 - 2 - 2　弯曲变形的回弹

2. 弯曲角回弹量的分析与计算

从弯曲变形过程分析中可以看到,材料塑性变形必然伴随有弹性变形,当弯曲工件所受外力卸载后,塑性变形保留下来,弹性变形恢复,结果是弯曲件的弯曲角、弯曲半径与模具尺寸不一致,这种现象称为弯曲回弹。

弯曲回弹与普通回弹不同。由于板料在加载过程中产生弯曲变形,其内层和外层的应力与应变相反,导致卸载时内外层的回弹方向相反,使弯曲件的回弹量增

加。根据图 4 - 2 - 2 所示,可以计算弯曲变形回弹时弯曲角的回弹量。

设卸载前弯曲角为 α_0,回弹后弯曲角 α_0',则弯曲角回弹量为

$$\Delta\alpha = \alpha_0 - \alpha_0'$$

四、实验方法及步骤

(1)将厚度不同的铝板在弯曲模上弯曲,分别测量其弯曲角,然后计算回弹量。

(2)将宽度不同的铝板在弯曲模上弯曲,分别测量其弯曲角,然后计算回弹量。

(3)将尺寸相同的铝板、铝合金板和铜板在弯曲模上弯曲,分别测量其弯曲角,然后计算回弹量。

五、实验设备及材料

液压机、弯曲模具、不同尺寸及厚度的铝板、铜板和铝合金板若干。

六、实验报告要求

(1)将测量数据填写在表 4 - 2 - 1。

表 4 - 2 - 1　测量数据表

	长,mm	宽,mm	厚,mm	卸载前弯曲角 α_0	回弹弯曲角 α_0'	回弹量
1 号铝板	75	35	1			
2 号铝板	75	35	2			
3 号铝板	75	20	1			
铝合金板	75	35	1			
铜板	75	35	1			

(2)分析板厚、板宽对弯曲角回弹量的影响。

(3)将铝板、铝合金板和铜板的弯曲角回弹量按照从大到小的顺序进行排序,然后分析为什么三种材料的回弹量不一样。

实验 3　金属的塑性变形与再结晶

一、实验目的

(1)了解冷塑性变形前、后及再结晶退火后金属组织的变化;

(2)了解不同变形程度对再结晶后晶粒大小的影响。

二、实验内容

(1) 观察纯铁试样冷塑性变形前、后及再结晶退火后晶粒的变化;

(2) 用纯铝片做不同变形程度的拉伸试验,绘制出变形程度与再结晶后晶粒大小的关系曲线,了解不同变形程度对再结晶后晶粒大小的影响。

三、实验原理

1. 金属的塑性变形

具有一定塑性的金属材料在外力的作用下会发生变形,变形随着金属内部应力的增加而由弹性变形进入弹性—塑性变形。随着外力的去除,弹性变形部分消失,塑性变形部分被保留下来。金属的变形实际上就是组成金属的晶粒的变形。

金属在冷塑性变形时,随着变形程度的增加,强度和硬度提高而塑性和韧性下降,这种现象称为冷变形强化,又称加工硬化或冷作硬化。图 4 - 3 - 1 所示为低碳钢的力学性能随冷变形程度增加而变化的情形。

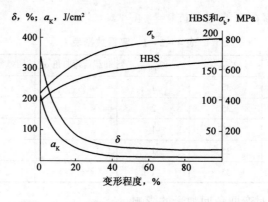

图 4 - 3 - 1　冷变形程度对低碳钢性能的影响

产生冷变形强化的原因是在塑性变形过程中滑移面附近的晶格发生畸变,甚至产生晶粒破碎现象[图 4 - 3 - 2(a)、(b)],从而大大增加了继续滑移的阻力,使继续变形越来越困难。如要继续变形,则要施加更大的变形力,这样又易导致金属的断裂。这就表现为随着塑性变形程度的增加,金属的强度和硬度越来越高,而塑性和韧性越来越低。冷变形强化现象对金属的冷变形加工造成了不利影响。但另一方面,它也是强化金属材料的手段之一,尤其是一些不能通过热处理方法强化的金属,如纯金属、奥氏体不锈钢、形变铝合金等,可以通过冷轧、冷挤压、冷拔和冷冲压等方法,在变形的同时提高其强度和硬度。

2. 回复和再结晶

塑性变形使畸变的晶格处于高势能的不稳定状态,金属原子有恢复到晶格畸变前稳定状态的自发趋势。但是,在常温下绝大多数金属的原子扩散能力都很低,这种不稳定状态能够长期维持而不发生明显的变化。

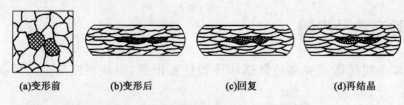

(a)变形前 　　(b)变形后 　　(c)回复 　　(d)再结晶

图 4 - 3 - 2　塑性变形、回复、再结晶示意图

如果将变形后的金属加热,增强其原子扩散能力,原子就能比较容易地恢复到规则化的排列,从而使晶格畸变大大减轻[图 4 - 3 - 2(c)],使冷变形强化现象得到一定的缓解,同时,冷变形引起的内应力也大大下降。这一过程称为回复。使晶格畸变基本消除的最低温度称为回复温度。在生产中常采用回复处理(又称低温退火)使已冷变形强化的金属在维持较高强度的同时,适当改善其塑性和韧性,并基本消除内应力。例如,将冷拔钢丝卷成弹簧后,采用 250 ~ 300℃ 的低温退火,可保持其高弹性;将精密机器零件低温退火,可保持其尺寸稳定性。

如将变形金属加热到更高温度,使原子具有更强的扩散能力,就能以滑移面上的破碎晶块或其他质点为晶核,成长出与变形前晶格结构相同的新的等轴晶粒,这个过程称为再结晶[图 4 - 3 - 2(d)]。再结晶可以完全消除塑性变形所引起的硬化现象,并使晶粒得到细化,力学性能甚至比塑性变形前更好。

在生产中常在多个冷变形工序之间安排中间退火,以消除冷变形强化现象,使变形易于继续进行,这种中间退火即为再结晶退火。

根据变形温度和变形后的组织不同,通常把在再结晶温度以下进行的变形称为冷变形,在再结晶温度以上进行的变形称为热变形。冷变形的金属表现出加工硬化现象,热变形金属的加工硬化现象随即被再结晶所消除。

3. 影响再结晶后晶粒大小的因素

变形程度、退火温度、保温时间和原始晶粒大小均是影响再结晶后晶粒大小的因素,但其中变形程度的影响最重要。在其他条件相同的情况下,变形量越大,则晶粒也细。变形程度与晶粒大小的关系如图 4 - 3 - 3 所示。

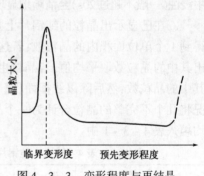

图 4 - 3 - 3　变形程度与再结晶后晶粒大小的关系

由图可见,变形度很小时,晶粒大小没有多大变化。但当变形程度增加到一定数值(一般为 2% ~ 10%)时晶粒达到最大值,此变形程度值被称为临界变形度。临界变形度随金属材料的不同而异,铁大约为 5% ~ 6%,钢为 5% ~ 10%,铜及黄铜约为 5%,铝为 1% ~ 3%。随着变形程度的增加,晶粒度下降并相对稳定在一定值。但当变形量太大时,在曲线上又出现第二个高峰,一般认为这是由于变形织构造成的。

退火加热温度越高,保温时间越长,晶粒就越粗大;加热温度越高,影响越明显。原始晶粒越细,则再结晶后的晶粒越细;这是因为细晶粒的晶界多,再结晶时形核的地方也多的缘故。

四、实验方法及步骤

（1）用4X金相显微镜观察纯铁试样冷塑性变形前、后及再结晶退火后晶粒的变化情况。

（2）测定纯铝片经不同变形度变形后在相同退火温度下再结晶晶粒的大小。

具体操作步骤如下：

①用划线针、钢板尺按图4-3-4的尺寸在纯铝片上划线。

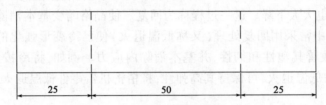

图4-3-4　纯铝片试样划线示意图

②将铝片夹于简易拉伸机上，两端预留的25mm部分压紧在压头下。

③小心缓慢地将铝片拉伸到指定的变形度（每10人一组，指定的变形度分别为0、1%、2%、3%、4%、5%、7%、10%、12%、14%）。如预定变形度为ε，试样拉伸后计算长度则为$L = 50(1+\varepsilon)$mm。实际操作时，使用标准样板测定拉伸后的变形度，应注意尽量使变形度准确，尤其是变形度较小的试样（$\varepsilon = 1\% \sim 5\%$），稍不准确就会对试验产生很大影响。

④在铝片试样预留部分做编号，然后将其放入炉温为580℃的箱式电炉中保温30min后取出空冷。

⑤将再结晶后的纯铝片放入浸蚀剂（浸蚀剂各组分比例为$HF:HNO_3:HCl:H_2O = 15:15:45:25$）中浸蚀（一般不超过20s）至清晰地显现出晶粒后用清水冲洗干净。

⑥在已显示出晶粒的纯铝片上划一个边长为1cm的正方形线框，数出其中的晶粒数，就得到1个单位面积内的晶粒数；若这样数出的晶粒数不够准确，则可多划几个正方形线框，数出其中的晶粒数取平均值；若晶粒粗大，也可划大一些的线框，如$1 \times 2cm^2$或$2 \times 2cm^2$等，数出其中的晶粒数，然后除以线框面积。位于线框边缘仅部分处在线框内的晶粒，可以根据实际情况将几个不完整的晶粒合计为一个晶粒计入。然后取其倒数即为晶粒的面积值。将两项数据均填入表4-3-1中。

表4-3-1　纯铝片变形程度与再结晶后晶粒大小关系实验数据

变形程度,%	0	1	2	3	4	5	7	10	12	14
晶粒数,1/cm²										
晶粒面积,cm²										

⑦以变形程度为横坐标、晶粒大小为纵坐标建立直角坐标系，以实验数据为坐标点并连线，即得到变形程度与再结晶后晶粒大小的关系曲线。

五、实验设备及材料

（1）4X金相显微镜、小型铝片拉伸机。

(2)纯铁标准试样一套、20mm×100mm 纯铝片若干。

六、实验报告要求

(1)明确实验目的。
(2)简述金属材料塑性变形的机理。
(3)绘制纯铁试样冷塑性变形前、后及再结晶退火后晶粒变化的示意图。
(4)列出实验数据表,绘制变形程度与再结晶后晶粒大小的关系曲线。
(5)总结实验中存在的问题并提出解决办法。

七、思考题

(1)分析再结晶退火对冷变形后金属材料性能的影响。
(2)试举例说明加工硬化现象在工业生产中的应用。

实验4 铸造合金流动性的测定

一、实验目的

(1)以相同的过热温度浇注,比较 ZL102 和 ZL203 两种合金流动性差别;
(2)通过实验熟悉目前应用最广的具有溢流堤坝式浇注系统的单螺旋形流动试样的造型方法和测试合金流动性的方法。

二、实验原理

铸造专业术语中的合金流动性一般用来表示合金在一定的工艺条件下充填铸型的能力,与物理学上的概念有很大差别。在物理学上,流动性只是黏度的倒数。而这里所说的流动性则是对过程特征的一种经验度量。

流动性好的合金,有利于获得形状完整、轮廓清晰的铸件;流动性差的合金,其充型能力就差,容易导致铸件产生浇不足、冷隔等缺陷。研究证明,对裂纹、缩松、缩孔等缺陷也有影响。

影响合金流动性的因素很多,但概括起来不外乎两类。一是合金本身方面,如成分、杂质含量、物化特性等,称之为合金性质;二是外在各种因素,如浇注温度、铸型性质、铸件结构所决定的铸型工艺条件等,称之为工艺条件。可见,要准确地测定出合金的流动性主要应控制浇注工艺和铸型工艺条件。各种测定合金流动性的装置、试样和方法,都是基于这一原则设计和使用的。

实际生产中,对于形状复杂的薄壁件,主要通过提高浇注温度、设计合理的浇注系统,改善铸型工艺条件来保证合金充满铸型的。而在铸件形状、尺寸和铸造工艺确定的情况下,也可以通过在一定范围调整和改变化学成分、减少杂质含量等合金化措施来提高合金的流动性,达到获得健全合格的铸件的目的。

为了测量流动性更为科学准确,苏联学者涅亨齐提出了零流动性温度、真正流动性和实际流动性等概念。

合金停止流动的温度称为零流动性温度。合金状态图上,各种成分合金零流动性温度曲线称作零流动线,如图4-4-1所示。该曲线在理论上介于液固相线之间,也称作零流动性温度线。

合金的流动性与过热度有关,成分不同,液相线温度也不同。用零流动性温度,作过热度的起点浇注试样,比较不同合金的流动性更为科学,被称作真正流动性,如图4-4-2所示。但实际上零流动性温度很难测定。一般常用合金液固线温度的中间值近似代替。实际生产中,对于同类合金一般采用在同一温度下浇注。所测得的流动性称为实际流动性,如图4-4-3所示。

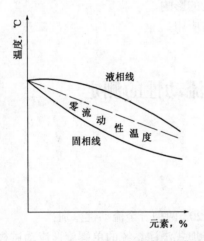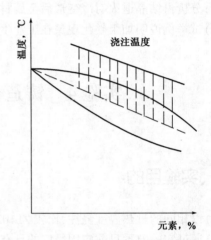

图4-4-1 合金成分零流动性温度曲线　　图4-4-2 合金成分真正流动性温度曲线

随着科学技术的发展进步,目前,一般都倾向于用液相线以上的温度作为过热度。以相同的过热度浇注,来比较不同合金的流动性及其他铸造性能。这一约定已为大多数人接受和采用,并已被作为标准中的条款采用。

合金流动性测定已有近90年的历史,各种试样和方法多达数十种。有适合于铸铁、铸钢的,也有适合于各种轻合金的,在形状上,有螺旋形、球形、U形、楔形、竖琴形等;有常压浇注,也有真空吸注的。但究其本质,都是一定工艺条件下相对比较的结果,以所浇试样的流长、薄厚或尖细程度来表示合金流动性的优劣。其中多数采用重力浇注法,型腔沟道多为直棒形或弯曲成某种形状。其中多数为螺旋线形,目前已被建议为标准方法。螺旋线大多采用阿基米德螺旋线和渐开线形式。截面多为梯形,如图4-4-4所示。这种方式最显著特点是结构紧凑、体积小、测量范围宽、造型方便,适应于各种合金。只要铸型条件和浇注条件控制好,所测数据相对准确可靠,特别是相同条件下对不同的合金测试,可以获得直观可靠的结果,因此,目前应用最广泛。

目前,螺旋线形流动性试样及测试技术的研究仍在发展,除试样本身形状结构外,主要集中在对其浇注系统的研究上。例如锥形浇口拔塞法、定量浇口杯侧挡板定温抽板法等,其目的就是使试样在浇注过程中保持一个比较稳定的压头,其中以溢流堤坝式浇口杯法实用性最强、应用较普遍。

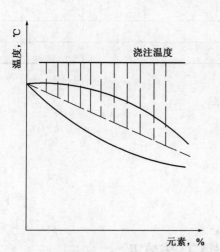

图4-4-3 合金成分实际流动性温度曲线

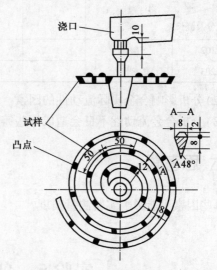

图4-4-4 合金螺旋线流动试样

三、实验内容及步骤

(1)造型。椿砂时应下箱略实,上箱略松,以保证有较好的透气性。浇口杯及上下箱合箱应保证直浇道对正。

(2)浇注。浇注温度取过热度80℃。

(3)浇注时,浇包熔流应对缓冲池。使熔流迅速漫过10mm高坝产生溢流。调整浇注速度,使压头保持在10mm内波动。放慢浇速时,不得断流。

(4)严格控制浇注温度。浇注前应扒渣,浇注时应挡渣。

(5)两种合金同时分别在两个炉子的坩埚中熔炼。浇注前,两个炉子的测温热电偶应互测温度,以消除误差。

(6)螺旋线试样上设有标记点,间隔5cm,数其标记点数,即可算出其流长。

四、实验设备及材料

(1)螺旋形试样型板,砂箱、造型工具1套;

(2)电阻坩埚炉2台;

(3)热电偶及浇注温度测量仪表2套;

(4)钢尺、水平仪1把;

(5)红外测温仪1个。

五、实验数据整理及结果分析

(1)填写表4-4-1。

表 4 – 4 – 1　实验数据

合金成分及流长	浇注温度,℃					
ZL102	流长					
ZL203	mm					

(2)分析影响合金实际流动性的因素。

(3)分析合金流动性不良会造成哪些铸造缺陷。

六、思考题

哪些因素可能影响实验测量精度?

实验 5　自由锻工艺实验

一、实验目的

(1)了解镦粗对圆柱体坯料形状的影响;

(2)理解和镦粗有关的各种参数的计算方法;

(3)会分析镦粗比和镦粗后试件最大直径之间的函数关系。

二、实验内容

了解圆柱体坯料发生镦粗变形的过程,分析不同的镦粗比对试件镦粗后鼓形的影响,计算和镦粗有关的各种参数。

三、实验原理

1.镦粗变形过程

镦粗是指将坯料放在油压机上,用压力使坯料高度减小而直径(或横向尺寸)增大的工序。这是塑性成型工序中最基本的成型方式。例如拔长、冲孔、模锻、挤压以及轧制等工序,都有镦粗的作用在内。因此,研究镦粗的变形特点具有普遍意义。

2.镦粗变形相关参数

镦粗变形主要参数包括镦粗比 K_H、镦粗后试件上下端面平均直径 $D_{端平}$、绝对鼓形 δ_a、镦粗后试件平均直径 $D_平$、相对鼓形 δ。

平板镦粗是在上下平板间对坯料进行镦粗,如图 4 - 5 - 1 所示。

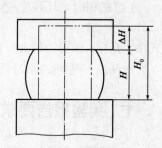

(1)镦粗的变形程度通常用坯料镦粗前后的高度之比即镦粗比 K_H 来表示,即

$$K_H = \frac{H_0}{H}$$

式中　K_H——镦粗比;

　　　H_0——镦粗前坯料的高度,mm;

　　　H——镦粗后坯料的高度,mm;

图 4 - 5 - 1　平板镦粗示意图

(2)镦粗后试件上下端面平均直径 $D_{端平}$ 的计算方法如下:

$$D_{端平} = (D_上 + D_下)/2$$

式中　$D_上$——镦粗后试件上端面直径,mm;

　　　$D_下$——镦粗后试件下端面直径,mm;

(3)绝对鼓形 δ_a 的计算方法如下:

$$\delta_a = D_{max} - D_{端平}$$

式中　D_{max}——镦粗后试件最大直径,mm;

(4)镦粗后试件平均直径 $D_平$ 的计算方法如下:

$$D_平 = \sqrt{4V_0/\pi H}$$

式中　V_0——毛坯体积,mm³;

(5)相对鼓形 δ 的计算方法如下:

$$\delta = (D_{max} - D_{端平})/D_平$$

四、实验方法及步骤

(1)测量紫铜坯料镦粗前的直径和高度,计算坯料的体积。

(2)在油压机上进行镦粗,测量镦粗之后紫铜坯料的高度、上下端面直径和试件最大直径。

(3)计算相关镦粗参数,用 Excel 拟合出镦粗比和镦粗后试件最大直径的函数关系式。

五、实验设备及材料

油压机、紫铜坯料、垫板、游标卡尺。

六、镦粗时的注意事项

(1)为防止镦粗时产生纵向弯曲,圆柱体毛坯高径比不应超过 2.5 ~ 3,在 2 ~ 2.2 的范围内更好。对于平行六面体毛坯,其高度与较小基边之比应小于 3.5 ~ 4。

(2)镦粗前毛坯端面应平整,并与轴心线垂直。

(3)镦粗时每次的压缩量应小于材料塑性允许的范围。如果镦粗后需进一步拔长时,应考虑到拔长的可能性,即不要镦得太低。

(4)镦粗时毛坯高度应与设备空间相适应。在锤上镦粗时,应使:

$$H - H_0 > 0.25H$$

式中　H——锤头的最大行程;

　　　H_0——毛坯的原始高度。

七、实验报告要求

(1)镦粗后圆柱体试样出现鼓形的原因。

(2)将实验数据填入表4-5-1。

表4-5-1　实验数据表

试样编号	原始高度	原始直径	镦粗后高度	镦粗后上端面直径	镦粗后下端面直径	镦粗后试件最大直径
1						
2						
3						
4						
5						

(3)计算各种镦粗参数时,先写出公式,然后代入数据计算。

(4)自己做一个表,列出不同试样的镦粗比和镦粗后试件最大直径,然后用 Excel 拟合出镦粗比和镦粗后试件最大直径的函数关系式,根据函数关系式分析镦粗比和镦粗后试件最大直径之间的关系。

实验6　冲压机的结构与操作演示实验

一、实验目的

(1)熟悉冲压机的结构,了解各主要组成部分的功能;

(2)了解冲压机的主要技术参数与基本操作。

二、实验内容

通过观察冲压机的工作过程,熟悉冲压机的结构,了解冲压机的主要技术参数和基本操作。

三、实验原理

在冲压生产中,对于不同的冲压工艺,应采用相应的冲压机。冲压机的种类很多,按传动方式分类,可分为机械冲压机和液压冲压机。在实际生产中广泛应用机械冲压机,机械冲压机分为曲柄冲压机和摩擦冲压机,其中曲柄冲压机应用较广。曲柄冲压机分为开式曲柄冲压机和闭式曲柄冲压机,下面以开式曲柄冲压机为例介绍冲压机的工作原理及结构。

　　冲压机的核心部件是曲柄连杆机构,曲柄连杆机构由曲轴(图4-6-1)和连杆组成,连杆的下端插入滑块中,滑块可以在竖直轨道内运动,如图4-6-2所示。曲柄连杆机构的作用是将电动机的旋转运动转换为滑块的直线往复运动,曲轴旋转一周,滑块就完成一次上下往复运动。

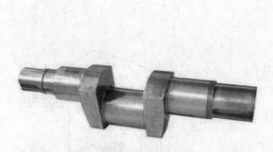

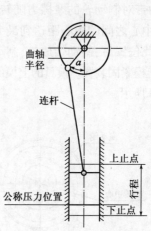

图4-6-1　冲压机的曲轴　　　　　图4-6-2　曲柄连杆机构

1. 冲压机的主要组成部分

　　(1)床身。床身是冲压机的机架。在床身上直接或间接地安装着冲压机上所有其他零部件,床身是这些零部件的安装基础。在工作中,床身承受冲压载荷,并提供和保持所有零部件的相对位置精度。因此,除了应具有足够的精度外,床身还应具备足够的强度和刚度。

　　(2)运动系统。运动系统的作用是将电动机的转动转换成滑块连接的模具的往复冲压运动。运动的传递路线为电动机→小带轮→传送带→大带轮→传动轴→小齿轮→大齿轮→离合器→曲轴→连杆→滑块。大齿轮转动惯量较大,滑块惯性也较大,在运动中具有储存和释放能量,并且使压力机平稳工作的作用。

　　(3)离合器。离合器是用来接通或断开大齿轮向曲轴传递运动的机构,即控制滑块是否产生冲压动作,由操作者操纵,离合器的结构如图4-6-3所示。离合器的工作原理是,大齿轮

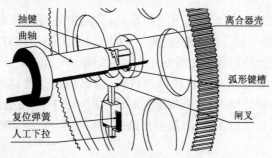

图4-6-3　离合器的结构图

空套在曲轴上,可以自由转动。离合器壳体和曲轴通过抽键刚性连接。在离合器壳体中,抽键随着离合器壳体同步转动。通过抽键插入到大齿轮中的弧形键槽中或者抽出来,实现传动接通或断开。由操作者将闸叉下拉使抽键在弹簧作用下插入大齿轮中的弧形键槽,从而接通传动。当操作者松开时,复位弹簧将闸叉送回原位,闸叉的楔形和抽键的楔形相互作用,使抽键从弧形键槽中抽出,从而断开传动。

(4)制动器。制动器的作用是确保离合器脱开时,滑块比较准确地停在曲轴转动的上止点位置,制动器的结构如图4-6-4所示。制动器的工作原理是,利用制动轮对旋转中心的偏心,使制动带对制动轮的摩擦力随转动而变化来实现制动。当曲轴转到上止点时,制动轮中心和固定销中心之间的中心距达到最大。此时,制动带的张紧力就最大,从而在此处产生制动作用。转过此位置后,制动带放松,制动器不制动。制动力的大小可通过调节拉紧弹簧来实现。

(5)上模紧固装置。模具的上模部分固定在滑块上,由压块和紧固螺钉来固定,如图4-6-5、图4-6-6所示。

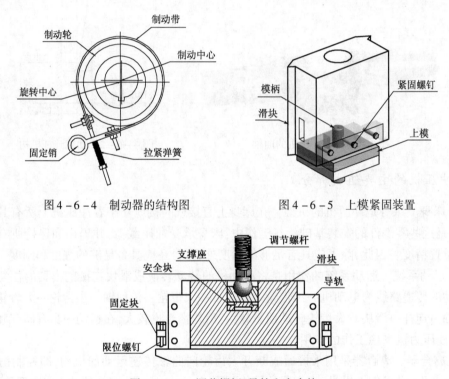

图4-6-4 制动器的结构图　　　　图4-6-5 上模紧固装置

图4-6-6 调节螺杆、导轨和安全块

(6)滑块位置调节装置。为了适应不同的模具高度,滑块底面相对于工作台面的距离必须能够调整。由于连杆的一端与曲轴连接,另一端与滑块连接,所以拧动调节螺杆,就可以改变连杆的长度,从而调整滑块行程下止点到工作台面的距离,如图4-6-6所示。

(7)操纵机构。曲柄冲压机采用机械操纵机构,操纵机构是控制离合器的结合或分离机构,脚踏板安装在右支架的外侧,当踏下脚踏板时,拉杆拉动打手,使抽键在弹簧作用下插入大齿轮中的弧形键槽,冲压机开始工作,脚踏板每踏一次可得到单次行程,如果踏着不放即可得到连续行程。

(8)曲柄冲压机的其他部分。

①导轨:导轨装在床身上,为滑块导向。但导向精度有限。因此,模具往往自带导向装置。

②安全块:安全块的作用是当冲压机超载时,将其沿一周面积较小的剪切面切断,起到保护重要零件免遭破坏的作用,如图4-6-6所示。

③漏料孔:冲压机工作台中设有漏料孔,以便冲下的制件或废料从孔中漏下,如图4-6-7所示。

④床身倾斜是通过对紧固螺杆的操作,使床身后倾,以便落料向后滑落排出,如图4-6-7所示。

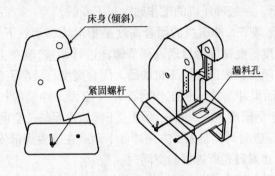

图4-6-7 漏料孔和床身倾斜示意图

2.冲压机的主要技术参数

冲压机的主要技术参数反映冲压机的工艺能力,包括制件的大小及生产率等。同时也是模具设计中选择所使用的冲压设备、确定模具结构尺寸的重要依据。

(1)公称压力。冲压机滑块通过模具在冲压过程中产生的压力就是冲压机的工作压力。由曲柄连杆机构的工作原理可知,冲压机滑块的静力学压力随曲柄转角的变化而变化。如图4-6-8所示为冲压机的许用压力曲线。从曲线中可以看出,当曲柄从距离下止点30°处

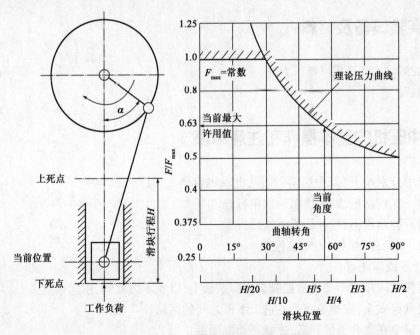

图4-6-8 压力机的许用压力曲线

转到下止点位置时,冲压机的许用压力达到最大值 F_{max}。所谓公称压力,是指冲压机曲柄转到离下止点一定角度(称为公称压力角,等于30°)时,滑块上所容许的最大工作压力。选用冲压机时公称压力必须大于实际所需的冲压力。

(2)滑块行程。滑块行程是指滑块从上止点移动到下止点的距离。对于曲柄压力机,其值等于曲柄长度的两倍。

(3)滑块每分钟冲压次数。反映了曲柄压力机的工作频率。滑块每分钟行程次数的多少,关系到生产率的高低。一般冲压机的工作频率是不变的。

(4)冲压机闭合高度调节。冲压机的闭合高度是指滑块移动到下止点时,滑块底平面到工作台垫板上平面的高度。此高度可以通过调节螺杆进行调整,改变工作台垫板厚度也可以改变这一高度。模具的闭合高度应在冲压机的最大闭合高度与最小闭合高度之间。

(5)压力机工作台面尺寸。冲压机工作台面尺寸应大于冲模的相应尺寸。在一般情况下,工作台面每边应大于下模座50~70mm,为固定下模留出足够的空间。

(6)漏料孔尺寸。设置漏料孔是为了方便冲件下落或在下模底部安装弹顶装置。下落件或弹顶装置的尺寸必须在漏料孔所提供的空间内。

(7)模柄孔尺寸。模柄直径应略小于滑块内模柄安装孔的直径。模柄的长度应小于模柄孔的深度。

(8)冲压机的电动机功率。冲压机的电动机功率应大于冲压时所需要的功率。

四、实验方法及步骤

(1)通过教师讲解冲压机的工作过程,了解冲压机的结构和主要技术参数。
(2)通过教师的演示,了解冲压机的基本操作。

五、实验设备及材料

(1)JB23 - 63 型开式可倾压力机。
(2)铝板。

六、冲压机的基本操作和注意事项

(1)双手分别按下"双手启动"按钮,电动机启动。
(2)踏一次脚踏板,冲压机做一次单行程。
(3)踏着脚踏板不放,冲压机做连续行程。
(4)按下"急停"按钮,电动机停止。
使用冲压机应注意:
(1)工作时应注意不要经常把脚放在脚踏板上,以免不慎踏动,引起事故。
(2)为确保安全,应避免将手伸进上下模之间的区域。
(3)一定要在离合器脱开后,才能开动电动机。
(4)操作者离开冲压机时,一定要将电源切断。

七、实验报告要求

(1)写出曲柄冲压机的主要组成部分及其功能。

(2)结合冲压机的主要技术参数,总结选用冲压机时需要考虑的因素。

实验 7　铸造残余应力的测定

一、实验目的

(1)了解铸造残余应力产生的原因;

(2)掌握用应力框测定铸造残余应力的方法;

(3)了解退火对消除残余应力的效果。

二、实验原理

铸件在凝固和冷却过程中各部分体积变化不一致导致彼此制约而引起的应力称为铸造应力。它是收缩应力、热应力和相变应力的矢量和。铸造应力可能是暂时性的,当引起应力的原因消除以后,应力随之消失,此时称为临时应力;否则称为残余应力。铸造应力对铸件质量有重要影响,当铸造应力超过该温度下金属强度极限时,铸件将产生裂纹;当应力高于屈服强度时,铸件发生塑性变形;当应力低于屈服极限时,铸件发生弹性变形。残余应力还会降低铸件的使用性能,如失去精度、在使用过程中造成断裂或产生应力腐蚀等。

铸件凝固后,在继续冷却过程中,由于不同部位的冷却速度不同,在同一时间收缩量也不同,但铸件各部分联为一个整体,彼此间互相制约而使收缩受到热阻碍,这种原因引起的应力称为热应力。铸件在落砂后热应力仍会存在,因此热应力是一种残余应力。

图 4-7-1 为测定铸造残余应力的框形铸件,由于Ⅰ杆和Ⅱ杆截面尺寸差别大,因而铸造后细杆Ⅰ中形成压应力,粗杆Ⅱ中形成拉应力。若在 A—A 截面处将粗杆锯开,锯至一定程度时,由于截面变小,粗杆被拉断。受弹性拉长的粗杆长度较自由收缩条件下的长度缩短,其缩短量 ΔL 和铸造残余应力成正比,其值可根据锯断前、后粗杆上小凸台的长度(L_0、L_1)差求出,即 $\Delta L = L_1 - L_0$。铸造残余应力 σ_1 和 σ_2 的计算公式为

$$\sigma_1 = -E\frac{L_1 - L_0}{L\left(1 + \dfrac{2F_1}{F_2}\right)} \tag{4-7-1}$$

$$\sigma_2 = -E\frac{L_1 - L_0}{L\left(1 + \dfrac{2F_2}{F_1}\right)} \tag{4-7-2}$$

式中　σ_1、σ_2——细杆、粗杆中残余应力,MPa;

L_0、L_1——锯断前、后小凸台的长度,mm;

F_1、F_2——细杆、粗杆的横截面积,mm^2;

L——杆的长度,为130mm;

E——弹性模量,铸铝102取6.86×10^{4}MPa,普通灰铸铁取9×10^{4}MPa,球墨铸铁取
1.8×10^{5}MPa。

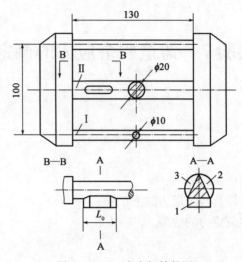

图4-7-1 应力框铸件图

A—A剖面中的三角形面积为锯断时的截面形状

三、实验内容及步骤

本次实验测定应力框铸件为ZL102铸态及其退火热处理后的残余应力。实验步骤如下:

(1)造型(2个应力框模板)。

(2)浇注(ZL102浇注温度为680~750℃)。

(3)浇注后30min打箱,用钢丝刷刷去应力框铸件的表面型砂。

(4)将其中2个应力框放入热处理炉中,在300±10℃保温2~4h后空冷或随炉冷。完成后按(5)~(8)顺序进行。

(5)将另外3个应力框铸件的粗杆小凸台上成锐角相交的4个棱柱面锉平,用卡尺测量小凸台长度L_0。

(6)在小凸台A—A截面处从1、2、3三面依次锯开粗杆(图4-7-1),注意各锯口应在垂直于杆轴线的同一平面内。

(7)锯至粗杆断裂后,再测量小凸台长度L_1,测量结果填入表4-7-1。或者把试样的标志凸台上表面加工为粗糙度12.5μm以上光洁平面,在该平面上两端各划一条直线(两线平行端直),并涂以颜色。用读数显微镜测其破坏前后的L_0、L_1值。

(8)计算铸造残余应力σ_1和σ_2,以及退火处理后细杆和粗杆残余应力$\sigma_{退1}$、$\sigma_{退2}$。

四、实验设备及材料

(1)电阻坩埚炉,2台;

（2）湿型黏土砂,若干;

（3）铸造应力框试样的模样和型板、砂箱,1 套;

（4）热处理炉(加热范围 25 ~ 1000℃),1 台;

（5）红外线测温仪(测量金属液体的温度),1 个;

（6）台钳、游标卡尺或读数显微镜、锉刀、钢锯、钢丝刷等。

五、实验数据整理及结果分析

（1）计算并填写实验数据于表 4 – 7 – 1。

表 4 – 7 – 1　应力框铸件测量数据

状　　态	组别	L_0 mm	L_1 mm	$L_1 - L_0$, mm		σ_1 , MPa $\sigma_{退1}$, MPa	σ_2 , MPa $\sigma_{退2}$, MPa
				测量值	平均值		
铸态	1						
	2						
	3						
退火 300 ± 10℃ ,保温 2 ~ 4h	1						
	2						

（2）分析所测应力框残余应力的大小、分布及产生原因。

（3）简述人工时效消除应力的效果(以百分数表示)。

（4）简述铸造应力的危害。

六、思考题

铸件残余应力的大小与浇注后落砂时间的早晚是否有关?

实验 8　单片机对步进电机转速的控制

一、概述

步进电机是由电脉冲控制的特殊同步电动机,对应每一个供电脉冲,都产生一个恒定量的步进运动,可以是角位移或线位移。这就是说,电机运动的步数与脉冲数相等,或者在一定频率连续脉冲供电时可得到恒定的转速。在负载能力范围内,这些关系将不受电源电压、负载、环境、温度等因素的影响,还可在很宽的范围内实现调速、快速启动、制动和反转。按结构分,步进电机有反应式、永磁式及永磁感应式三种。其中反应式步进电机应用最广。随着数字技术和电子计算机的发展,步进电机的控制更加简便、灵活和智能化。

二、实验目的

(1) 了解步进电机的结构;
(2) 掌握步进电机的工作原理;
(3) 掌握专用单片计算机实验台结构及单片机对步进电机的控制原理;
(4) 掌握专用单片计算机实验台的操作方法。

三、实验原理

1. 步进电机的结构和工作原理

步进电机系统的组成如图 4 - 8 - 1 所示。

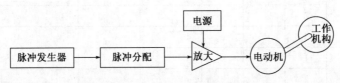

图 4 - 8 - 1　步进电机系统原理图

由于反应式步进电机工作原理比较简单,因此先对其进行介绍。

1) 步进电机结构

步进电机转子均匀分布着很多小齿,定子齿有三个励磁绕阻,其几何轴线依次分别与转子齿轴线错开。0、1/3て、2/3て(相邻两转子齿轴线间的距离为齿距以て表示),即 A 与齿 1 相对齐,B 与齿 2 向右错开 1/3て,C 与齿 3 向右错开 2/3て,A′与齿 5 相对齐(A′就是 A,齿 5 就是齿 1),图 4 - 8 - 2 是定转子的展开图。

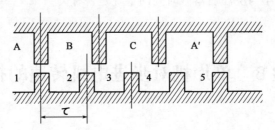

图 4 - 8 - 2　步进电机结构展开示意图

2) 工作原理

当 A 相通电,B、C 相不通电时,由于磁场作用,齿 1 与 A 对齐(转子不受任何力,以下均同);当 B 相通电,A、C 相不通电时,齿 2 应与 B 对齐,此时转子向右移过 1/3て,此时齿 3 与 C 偏移为 1/3て,齿 4 与 A 偏移(て—1/3て)=2/3て;当 C 相通电,A、B 相不通电,齿 3 应与 C 对齐,此时转子又向右移过 1/3て,此时齿 4 与 A 偏移为 1/3て对齐;当 A 相通电,B、C 相不通电,齿 4 与 A 对齐,转子又向右移过 1/3て。这样经过 A、B、C、A 分别通电状态,齿 4(即齿 1 前一齿)移到 A 相,电机转子向右转过一个齿距,如果不断地按 A、B、C、A……通电,电机就每步(每脉冲)1/3て,向右旋转。如按 A、C、B、A……通电,电机就反转。由此可见:电机的位置和速度由导电次数(脉冲数)和频率成一一对应关系,而方向由导电顺序决定。不过,出于对力矩、平稳、噪声及减少角度等方面考虑,往往采用 A—AB—B—BC—C—CA—A 这种导电状态,这样将原来每步 1/3 丁改变为 1/6 丁。甚至通过二相电流不同的组合,使其 1/3 丁变为 1/12 丁,1/24 丁,这就是电机细分驱动的基本理论依据。

不难推出:电机定子上有 m 相励磁绕阻,其轴线分别与转子齿轴线偏移 $1/m, 2/m, \cdots, (m-1)/m, 1$。并且导电按一定的相序电机就能正反转被控制——这是步进电机旋转的物理条件。只要符合这一条件,理论上可以制造任何相的步进电机,出于成本等多方面考虑,市场上一般以二、三、四、五相为多。

2.单片机对步进电机的控制

步进电机驱动原理是通过对它每相线圈中的电流导通顺序切换,实现电机作步进旋转的。驱动电路由脉冲信号来控制,所以调节脉冲信号的频率便可改变步进电机的转速,单片机就是利用这一原理对步进电机进行转速控制的。

图 4-8-3 是该实验中单片机对步进电机的控制电路图。通过 51 单片机与输出锁存器 74LS273 相连接,输出锁存器的低四位与步进电机的 BA、BB、BC、BD 相连接。这样,51 单片机通过 P0 口输出的数据就可以控制步进电机。

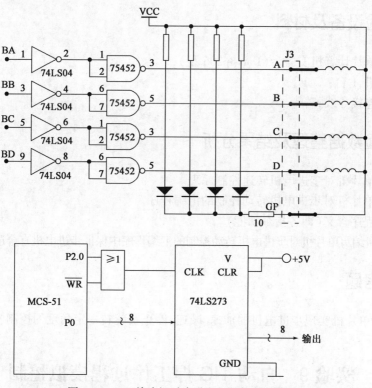

图 4-8-3　单片机对步进电机的控制电路图

四、实验内容及步骤

(1)预习实验指导书,复习 51 单片机简单 I/O 的扩展及输入输出锁存器的使用,加强步进电机的结构和工作原理的理解。

（2）熟悉了解 Dais-tp206 型专用单片计算机实验台结构，了解相应的开发软件，熟悉开发界面各菜单的功能，掌握其操作方法。

（3）用汇编语言编写实验程序，要求步进电机能够正反转且转速合适。

（4）按照以下步骤完成硬件接线：

①用起拔器卸去闭环控制区的 74LS374 芯片；

②将 I38 译码的输入端 A、B、C 分别与地址总线的 A9、A10、A11 连接；

③将 I38 的使能控制输入端 G 与 74LS02 门电路的 4 脚连接；

④将地址总线的 A15 与 74LS02 门电路的 5 脚相连；

⑤将 74LS02 门电路的 6 脚接地 GND；

⑥将 74LS273 的输出端 P00、P01、P02、P03 与接步进电机的 BA、BB、BC、BD 连接；

⑦将 74LS02 门电路的 1 脚与锁存输出单元的 CLK 连接，74LS02 门电路的 2 脚接控制总线的 IOW，74LS02 门电路的 3 脚接 I38 译码单元的 Y0。

⑧将 CPU 的 P1.0 与开关 K_1 相连。

（5）输入程序，且检查程序输入的正确性。

（6）联机调试程序，检查程序的运行结果，即观察单片计算机实验台上的步进电机能够正反转且转速合适。

五、实验设备及材料

（1）专用单片计算机实验台（Dais-tp206 型），1 台；

（2）计算机，1 台；

（3）专用连接导线，若干。

六、实验数据整理及结果分析

（1）分析单片机对步进电机转速控制原理。

（2）编写单片机对步进电机转动控制的汇编程序。

（3）说明程序含义（即各指令功能）。

（4）指出所编写单片机对步进电机转动控制的汇编程序中保证步进电机有合适转速的语句。

七、思考题

如何利用单片机实现步进电机的加速、减速、停止及旋转一定角度的控制？

实验 9　自动 TIG 焊工作过程模拟控制

一、实验目的

（1）了解自动 TIG 焊工作原理和工作过程；

（2）了解利用单片机实现对自动 TIG 焊的控制方法；

（3）掌握单片机控制编程方法；

（4）掌握利用单片机实现自动 TIG 焊工作过程模拟控制设计方法。

二、实验原理

自动 TIG 焊是现代工业中材料成型加工过程的常用焊接方法，其典型工作过程主要包括预送气、引弧、焊接（小车行走）、停焊（焊接电流衰减）、熄弧、延时停气等步骤，其中焊接（小车行走）过程中一般设有弧长自动跟踪功能。现代工业中所使用的自动 TIG 焊均由计算机完成控制。本实验利用专用单片计算机实验台（Dais-tp206 型）实现自动 TIG 焊工作过程模拟控制。

Dais-tp206 型专用单片计算机实验台由控制屏、实验桌构成，配套计算机和专用实验软件可完成多种单片计算机实验。图 4 – 9 – 1 为实验台控制屏平面图。

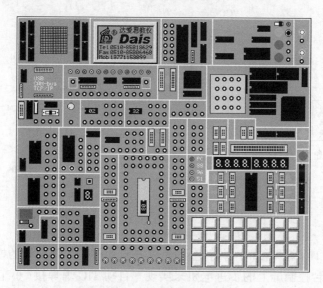

图 4 – 9 – 1　控制屏平面图

本实验主要包括两部分，第一部分是自动 TIG 焊典型工作过程控制的模拟，主要包括预送气、引弧、焊接（小车行走）、停焊（焊接电流衰减）、熄弧、延时停气等工作步骤的模拟；第二部分是自动 TIG 焊焊接（小车行走）过程中弧长自动跟踪控制功能的模拟。

第一部分自动 TIG 焊工作过程控制的模拟，由单片计算机的 I/O 口控制实验台控制屏上的发光二极管来实现，其硬件接线图如图 4 – 9 – 2 所示。可分别定义 L1 ~ L6 六只发光二极管分别代表自动 TIG 焊工作过程的预送气、引弧、焊接（小车行走）、停焊（焊接电流衰减）、熄弧、延时停气等工作步骤，通过编写程序，按照时间顺序和时间间隔分别控制这六只发光二极管的点亮或熄灭，以此代表自动 TIG 焊工作过程的各工作步骤的执行。

焊接过程的启动/停止控制，可通过如图 4 – 9 – 3 所示的电路实现。图中采用 RS 触发器产生正负单脉冲。每按一次 AN 按钮，即可从两个插座上分别输出一个正脉冲 SP 及一个负脉冲/SP，供中断、CLR、定时器/计数器实验使用。按钮所产生的脉冲信号，由 P3.3、P3.4 接口接入单片计算机。

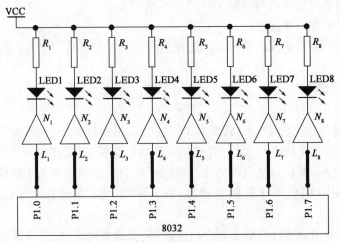

图 4-9-2　发光二极管工作过程模拟的硬件接线图

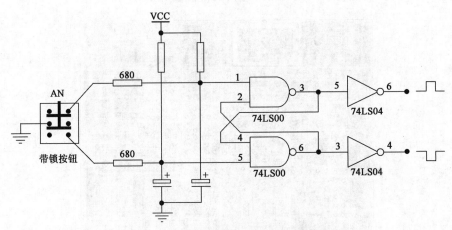

图 4-9-3　焊接过程的启动/停止控制电路

第二部分自动 TIG 焊焊接(小车行走)过程弧长自动跟踪控制功能的模拟,由单片计算机的 I/O 口控制实验台控制屏上的步进电机来实现。自动 TIG 焊焊接(小车行走)过程中由于工件变形等诸多因素的存在,使得焊接电弧长度会发生变化,这种变化将会直接影响焊接质量,因此必须对焊接电弧长度进行自动跟踪控制。TIG 焊是非熔化极焊接方法,焊接过程中电极本身长度几乎不发生变化,要实现焊接电弧长度自动跟踪,必须控制焊枪的上下移动,这一过程可通过电机控制相应的机械机构来实现。因此,自动 TIG 焊焊接(小车行走)过程中弧长自动跟踪控制功能的模拟,可按下述思路完成其闭环控制:

(1)采样当前的电弧长度;

(2)将当前的电弧长度值与设定的电弧长度值进行比较;

(3)根据比较的结果确定电机是否转动以及转动的方向。

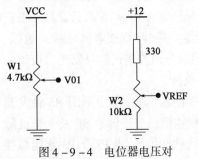

图 4-9-4　电位器电压对
电弧长度的模拟

本实验利用设置在控制屏上的电位器提供的电压来模拟当前的电弧长度,如图 4-9-4 所示。系统中提供一路 0～5V 模拟电压信号,一路基准电压产生电路,供 A/D、

D/A 转换实验使用。

本实验由 ADC0809 实现当前的电弧长度采样和 A/D 模数转换,如图 4 – 9 – 5 所示。驱动电机选用设置在控制屏上的步进电机模块。

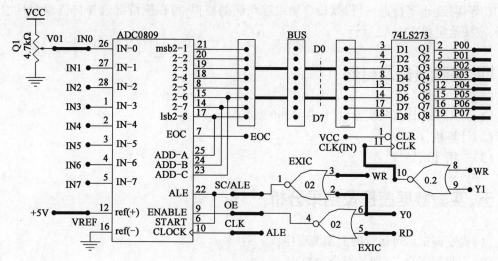

图 4 – 9 – 5　电弧长度采样和 A/D 模数转换的电路

三、实验内容及步骤

(1)预习实验指导书。

(2)用汇编语言初步编写实验程序。实验程序要求如下:

①实验数据:各工作步骤的模拟时间间隔为 1s 左右,电弧长度自动跟踪控制当量电压控制在 2 ~ 3V。

②自动 TIG 焊工作过程程序模拟控制:点动按钮按动一次为焊接启动,依次执行预送气、引弧、焊接(小车行走)等工作步骤的模拟;点动按钮再按动一次为焊接停止,依次执行停焊(焊接电流衰减)、熄弧、延时停气等工作步骤的模拟。

③电弧长度自动跟踪的模拟控制:该控制过程只在焊接(小车行走)工作过程中进行,步进电机的控制可参见"单片机对步进电机转速的控制"。

(3)熟悉 Dais-tp206 型专用单片计算机实验台结构,了解相应的开发软件,熟悉开发界面各菜单的功能,掌握其使用方法。

(4)按照以下步骤完成硬件接线:

①P3.4 接 sp 孔,焊接启动控制;

②P3.3 接/sp 孔,焊接停止控制;

③P1.0 ~ P1.5 分别接 L1 ~ L6,模拟自动 TIG 焊工作程序;

④P1.6、P1.7 分别接 L7、L8,指示步进电机的正、反转;

⑤A/D 模数转换电路的 ADC0809 接线参见图 4 – 9 – 5;

⑥02 门电路的第 10 脚接锁存输出单元的 CLK,第 9 脚接控制总线单元的 IOW,8 脚接 I38 译码单元的 Y1;

⑦P00 – P04 分别接步进电机控制端 BA、BB、BC、BD。

(5)输入程序;

(6)联机调试程序。

说明:第一部分自动 TIG 焊典型工作过程的模拟为学生必须自行编程的内容;第二部分自动 TIG 焊焊接(小车行走)过程弧长自动跟踪功能的模拟,可根据情况选择自行编程且输入、运行,或按给定程序输入、运行。

四、实验设备及材料

(1)专用单片计算机实验台(Dais-tp206 型),1 台;

(2)计算机,1 台;

(3)专用连接导线,若干。

五、实验数据整理及结果分析

(1)提交调试后可运行的汇编源程序;

(2)说明程序含义(即各指令功能)。

六、思考题

将各工作步骤的模拟时间间隔设为 3s 左右,应改变汇编程序中哪些语句?

实验 10　三相异步电机变频调速实验

一、实验目的

(1)掌握正弦波脉宽调制(SPWM)、马鞍波脉宽调制(三次谐波注入式脉宽调制 THI – PWM)的基本原理和实现方法;

(2)熟悉与 SPWM、THI – PWM、空间电压矢量脉宽调制(SVPWM)方式有关的信号波形。

二、实验原理

电机转速 n 与电源频率 f 成正比,当转差率固定在最佳值时,改变电源频率 f 就可改变电机转速 n。

由于我国使用的交流电源频率为 50Hz,所以通常以 50Hz 作为基频,把整个变频调速范围分为两段。在基频以下,通过调频调压,即改变电源频率时成比例地改变输出电压的基波幅值,使得电机在改变转速时在额定磁通下运行,称为恒磁通调速,也就是所谓的 VVVF(变频变压)控制;而在基频以上则是恒压变频,从而实现恒功率调速。

改变电源输出电压的基波幅值可采用脉冲宽度调制(PWM)电路实现。

采样控制理论中有一个重要结论,冲量相等而形状不同的窄脉冲加在惯性环节上时,其效果基本相同。因此,交流电源提供的正弦波可以被幅值相同、脉宽不同的矩形波替代。这样,欲改变电机转速 n 只要改变调制波(PWM 波)的脉宽即可。同理,各种不同形状的信号波形均可以通过 PWM 器调制为幅值相同、脉宽不同的矩形调制波(PWM 波)。目前工业常用的 PWM 方式有正弦波脉宽调制(SPWM)方式、马鞍波脉宽调制(三次谐波注入式脉宽调制 THI – PWM)方式、空间电压矢量(SVPWM)脉宽调制方式。

为使脉宽调制控制方便,一般将所希望的波形作为调制信号波,把受调制的信号作为载波,通过将调制波与载波相比较,而产生调制波(PWM 波)。通常采用等腰三角波作为载波,因为等腰三角上下宽度与高度呈线性关系,且左右对称,当它与任何一个平缓变化的调制信号波相交时,如在交点时控制电路开关的通断,就可以得到宽度正比于信号波幅值的脉冲。

正弦波脉宽调制(SPWM)方式的优点是输出线电压与调制比(正弦波与三角波的幅值之比) m 呈线性关系,有利于精确控制,谐波含量小。但一般要求 $m < 1$,电压利用率低。

马鞍波脉冲宽度调制技术的主要原理是通过对基波正弦波注入三次谐波,以形成马鞍波。与 SPWM 方式相比,马鞍波调制的主要特点是可进一步提高正弦波幅值,可以使调制比 $m > 1$,形成过调制,输出电压较高,电压利用率高。

对于三相逆变器,根据开关状态可以生成六个互差 60° 的非零矢量 $V_1 \sim V_6$ 和零矢量 V_0、V_7。由于电压矢量是电机磁链矢量的移动方向,因此,控制电压矢量就可以控制磁链的轨迹和速率。

三、实验内容及步骤

1. 正弦波脉宽调制(SPWM)原理实验

(1)接好变频调速实验装置与计算机的连接电缆,接通二者电源,启动计算机及控制软件;通过操作界面,选定"SPWM 控制方式"。

(2)点击"启动电机"键。

(3)将频率设定在 0.5 ~ 60Hz 的范围内不断改变,观察电机的运行情况,且通过计算机操作界面观测正弦波信号波形、PWM 信号波形、三角载波信号波形,注意频率和波形幅值的关系及波形幅宽的关系。

(4)改变输入电流的相位,观测正弦波波形相位关系的变化、PWM 信号相位关系的变化。

(5)点击"正反切换"键,观测电机转动方向的变化。

(6)分别绘出一相频率为 20Hz 和一相频率为 60Hz 的正弦波信号波形。

(7)绘出频率为 50Hz 的三相正弦波信号波形。

(8)绘出一相频率为 20Hz 的 PWM 信号(X 轴标定量为 100ms)波形。

(9)绘出三角波信号波形。

2. 马鞍波脉宽调制原理实验

(1)通过操作界面选定"三次谐波注入控制方式"。

(2)点击"启动电机"键。

(3)将频率设定在 0.5～60Hz 的范围内不断改变,观察电机的运行情况,且通过计算机操作界面观测马鞍波信号波形、PWM 信号波形、三角载波信号波形,注意频率和波形幅值的关系及波形幅宽的关系。

(4)改变输入电流的相位,观测马鞍波波形相位关系的变化、PWM 波形相位关系的变化。

(5)点击"正反切换"键,观测电机转动方向的变化。

(6)绘出一相频率为 50Hz 的马鞍波信号的波形。

3. 空间电压矢量控制方式原理实验

(1)通过操作界面选定"矢量控制方式"。

(2)点击"启动电机"键。

(3)将频率设定在 0.5～60Hz 的范围内不断改变,观察电机的运行情况,且通过计算机操作界面观测电压矢量信号波形、PWM 信号波形、三角载波信号波形,注意频率和波形幅值的关系及波形幅宽的关系。

(4)改变输入电流的相位,观测电压矢量波形相位关系的变化、PWM 波形相位关系的变化。

(5)观察界面上的电压矢量观测器,注意电源频率和电压矢量转换频率的关系;注意电压矢量转换顺序方向。

(6)点击"正反切换"键,观测电机转动方向的变化,观察电压矢量转换顺序方向的变化。

(7)绘出一相频率为 60Hz 的矢量信号的波形。

(8)绘出一相频率为 60Hz 的 PWM 信号波形。

四、实验设备及材料

(1)变频调速实验装置(THMF 型),1 套;
(2)计算机,1 台。

五、实验数据整理及结果分析

(1)提交实验步骤中所要求绘制的所有信号波形图(共 8 个图)。

(2)总结在 0.5～50Hz 的范围内正弦波、马鞍波输出电压信号波形与电源频率的关系;总结在 50～60Hz 的范围内正弦波、马鞍波输出电压波形幅值及波形幅宽与电源频率的关系。

(3)总结电压矢量输出电压信号波形幅值及波形幅宽与电源频率的关系。

(4)总结电压矢量转换频率与电源频率的关系。

(5)总结电机转动方向与电压矢量转换顺序方向的关系。

(6)总结电机转动速度与电源频率的关系。

六、思考题

为什么在 50～60Hz 范围内正弦波信号、马鞍波输出电压信号波形的幅值不发生变化?

实验 11　自关断器件工作特性实验

一、实验目的

(1)掌握各种自关断器件的工作特性;

(2)掌握各种自关断器件对触发信号的要求;

(3)熟悉各种自关断件驱动与保护电路的结构及特点;

(4)掌握自关断器件构成脉宽调制(PWM)直流斩波电路的原理与方法。

二、实验原理

1. 自关断器件输出特性实验

自关断器件输出特性实验线路及原理如图 4 – 11 – 1 所示。

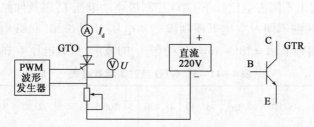

图 4 – 11 – 1　自关断器件输出特性实验原理图

将自关断器件和负载电阻 R 串联后接至直流电源的两端,由电力电子器件实验箱上的脉宽调制(PWM)发生器为自关断器件提供触发信号,使自关断器件触发导通。采用灯泡作为负载电阻 R。

改变 PWM 的占空比,自关断器件导通时间也发生改变,电路中的电压、电流也随之改变。

2. 自关断器件驱动及保护电路实验

自关断器件驱动及保护电路的实验接线及实验原理如图 4 – 11 – 2 所示。

电流从直流电源的正极出发,经过限流电阻、自关断器件及保护电路、直流电流表,再回到直流电源的负端。

改变 PWM 的占空比,即输入自关断器件驱动及保护电路的脉冲宽度发生改变,自关断器件导通时间也发生改变,电路中的电压、电流也随之改变。

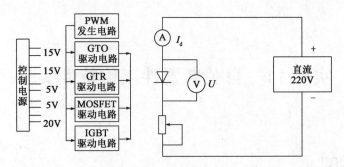

图 4 – 11 – 2   自关断器件驱动及保护电路的实验接线及原理图

三、实验内容及步骤

1. 自关断电力电子器件输出特性实验

（1）按图 4 – 11 – 1 接线，将可关断晶闸管（GTO）接入电路。

（2）打开 PWM 发生器的开关，将 PWM 发生器占空比 α 调至最小（占空比旋钮逆时针旋至不动，$\alpha = 0$），将频率选择开关拨至"低频挡"。

（3）打开实验箱电源总开关，然后打开高压电源开关。缓慢调节 PWM 发生器的占空比旋钮，同时监视电压表、电流表的读数，直至电压表指针接近零（表示管子完全导通，占空比 $\alpha = 100\%$）。用万用表测出不同占空比 α 下 GTO 控制极驱动电压 U_g 以及回路电流 I_d 的数据于表 4 – 11 – 1；用示波器观测不同占空比下控制极驱动电压 U_g 的波形、负载电压 U_a 的波形；记录 $U_v = 180V$ 和 $U_v = 100V$（即 $\alpha = 18\%$、$\alpha = 63\%$）时 U_g 的波形、负载电压 U_a 的波形。

表 4 – 11 – 1   GTO 特性实验数据表

$\alpha,\%/$ U_v,V	0/220	9/200	18/180	27/160	36/140	45/120	54/100	63/80	72/60	81/40	90/20	100/0
I_d,mA												
U_g,V												

（4）将电力电子器件换成大功率晶闸管（GTR），重复步骤（1）～（3），并记录基极驱动电压 U_b 以及回路电流 I_d 的数据于表 4 – 11 – 2；观测不同占空比下 GTR 的控制极驱动电压 U_b 的波形，记录 $U_v = 180V$ 和 $U_v = 100V$ 时 U_b 的波形，计算出各 U_v 值对应的 α。

表 4 – 11 – 2   GTR 特性实验数据表

$\alpha,\%/U_v,V$	0/220	/200	/180	/160	/140	/120	/100	/80	/60	/40	/20
I_d,mA											
U_b,V											

2. 自关断器件驱动及保护电路实验

1）GTR 的驱动及保护电路实验

（1）按图 4 – 11 – 2 接线，主电路中采用灯泡作为负载电阻 R，电子器件为 GTR。接线时须注意控制电源电压及接地端连接正确。PWM 发生器的输出端接 GTR 驱动与保护模块的输入端，±5V 控制电源两极接 GTR 驱动与保护模块 ±5V 电源的输入端。

（2）打开实验箱电源总开关，把 PWM 发生器的占空比旋钮放中间位置，频率选择开关拨至"低频挡"。然后转动频率调节旋钮，使 PWM 发生器输出频率在"1kHz"左右（在示波器上观察频率值）。

（3）调节占空比 α，在 PWM 输出端，用示波器观测不同 α 下的 PWM 波形及其变化规律。

（4）检查驱动电路的工作情况：接通驱动模块的电源，采用示波器，在驱动模块的输出端，观测不同 α 下的 PWM 波形及其变化规律。

（5）在驱动电路正常工作后，将占空比 α 调小（占空比调节旋钮逆时针旋至不动时，$\alpha = 0$），合上高压电源开关。

（6）调节占空比 α，用示波器观测不同 α 下 GTR 基极的驱动电压 U_b 波形、负载电压 U_a 的波形、记录 $U_v = 180V$ 和 $U_v = 100V$ 时的 U_b 波形、负载电压 U_a 的波形。

（7）用万用表测定不同占空比 α 时基极驱动电压 U_b 的数值，并记录于表 4 - 11 - 3 中。

（8）用万用表测定不同占空比 α 时负载电压 U_a 的数值，并记录于表 4 - 11 - 3 中。

2）GTO 的驱动及保护电路实验

将 PWM 发生器的频率选择开关拨至"低频挡"；转动频率调节旋钮，使方波的输出频率在 1kHz 左右；再按实验原理图 4 - 11 - 2 连接电路，电子器件为 GTO。注意采用 ±5V 电源驱动。实验方法及其他步骤与 GTR 的驱动及保护电路实验相同。

3）MOSFET 的驱动及保护电路实验

将 PWM 发生器的频率选择开关拨至"高频挡"，转动频率调节旋钮，使方波的输出频率在 8 ~ 10kHz 范围内，再按实验原理图 4 - 11 - 2 连接实验线路，注意采用 ±15V 电源驱动。实验方法及其他步骤与 GTR 的驱动及保护电路实验一致。

4）IGBT 的驱动及保护电路实验

将 PWM 发生器的频率选择开关拨至"高频挡"，转动频率调节旋钮，使方波的输出频率在 8 ~ 10kHz 范围内，再按实验原理图 4 - 11 - 2 连接实验线路，注意采用 +20V 电源驱动。实验方法及其他步骤与 GTR 的驱动及保护电路实验一致。

四、实验设备及材料

（1）电力电子器件实验箱（THPE - 1 型），1 台；
（2）示波器，1 台；
（3）万用表，1 只。

五、实验数据整理及结果分析

（1）根据所测得到的数据，整理并绘出 GTO 或 GTR 的输出特性 $U_g = f(\alpha)$ 或 $U_b = f(\alpha)$ 及 $I_d = f(\alpha)$ 曲线；

（2）分别绘出不同自关断器件在两种电路中 $U_v = 180V$ 和 $U_v = 100V$ 时的控制极（或基极）驱动电压 U_g 或 U_b 及负载电压 U_a 的波形（两种电路各选 1 个器件）；

（3）根据所测得的数据，整理并绘出不同自关断器件驱动及保护电路下 $U_g = f(\alpha)$ 或 $U_b = f(\alpha)$ 及 $U_a = f(\alpha)$ 的曲线；

（4）总结 GTO 或 GTR 的输出特性曲线 $U_g = f(\alpha)[U_b = f(\alpha)]$、$I_d = f(\alpha)$ 特点；

（5）总结自己所测的自关断器件驱动及保护电路下 $U_g = f(\alpha)$ 或 $U_b = f(\alpha)$ 及 $U_a = f(\alpha)$ 的曲线特点。

（6）总结自己所测的自关断器件 $U_g = f(\alpha)$ 或 $U_b = f(\alpha)$ 的波形特点。

六、注意事项

（1）连接驱动电路时必须注意各器件不同的接地方式。

（2）不同的自关断器件需接入不同的控制电压，接线时应注意正确选择。

（3）实验开始前，必须先打开电源总开关，然后再打开高压电源开关；实验结束时，必须先切断高压电源开关，然后再切断总电源开关。

表 4-11-3　驱动及保护电路实验数据表

电子器件	$\alpha,\%/U_v,V$	0/220	/200	/180	/160	/140	/120	/100	/80	/60	/40	/20	/0
GTR	U_a,V												
	U_b,V												
GTO	U_a,V												
	U_g,V												
MOS-FET	U_a,V												
	U_g,V												
IGBT	U_a,V												
	U_g,V												

实验 12　PLC 控制综合实验

第一部分　PLC 基本指令实验

一、实验目的

（1）掌握常用基本指令的使用方法；

（2）熟悉 PC 指令的输入、删除、修改、编译及下载等基本操作；

（3）熟悉 Cx - Programmer V2.0 软件的使用；

（4）掌握 LD、AND、OR、NOT、TIM、OUT 指令的用法。

二、实验内容及步骤

1. 实验连线

（1）I/O 分配：输入 0000、0001、0002、0003，输出 1000。

（2）连线：基本指令实验的输入、输出由 PC 控制实验台的扩展拨动开关区、LED 显示区来实现。表 4 – 12 – 1 实验连线适用于下列几个基本实验，无需重复连线。

表 4 – 12 – 1　实 验 连 线

主机输入区	拨动开关区	主机输出区	LED 显示区
0000	1		
0001	2	1000	1
0002	3		
0003	4		

主机输入区 C0（公共端）→ + 24V；主机输出区 COM0、COM1、COM2→0V；拨动开关区 COM→0V；LED 显示区 COM + → + 24V。

2. LD、LD NOT、OUT、OUT NOT 指令运行

（1）编译、装载、运行图 4 – 12 – 1 所示程序，并使程序处于监视模式下（梯形图方式可观察到绿色监视线的变化，指令符方式可通过数值的变化来监视）运行程序，通过拨动开关控制输入端，观察输出端（LED 显示区）的变化，也可通过主机面板上的指示灯来观察输入、输出的变化。填写表 4 – 12 – 2。

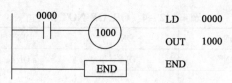

图 4 – 12 – 1　LD、OUT 指令程序

表 4 – 12 – 2　LD、OUT 指令

0000	ON(1)	OFF(0)
1000		

（2）分别将 LD 0000 改为 LD NOT 0000，将 OUT 1000 改为 OUT NOT 1000，重新编译、装载程序，运行程序观察输入、输出的变化。并与改变前比较，有何不同变化，仔细体会 LD、LD NOT 指令的工作原理与工作过程。

3. AND、AND NOT 指令

（1）编译、装载、运行图 4 – 12 – 2 所示程序，并使程序处于监视模式下运行程序，通过拨动开关控制输入端，观察输出端（LED 显示区）的变化，也可通过主机面板上的指示灯来观察输入、输出的变化。填写表 4 – 12 – 3。

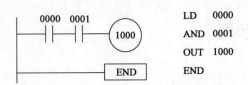

图 4 - 12 - 2 AND、AND NOT 指令程序

表 4 - 12 - 3 AND、AND NOT 指令

0000	ON	ON	OFF	OFF
0001	ON	OFF	ON	OFF
1000				

（2）分别将 LD 0000 改为 LD NOT 0000,将 AND 0001 改为 AND NOT 0001,重新编译、下载、运行程序,观察运行结果,并比较有何不同,仔细体会几条指令的工作原理和工作过程。

4. OR、OR NOT 指令

（1）编译、装载、运行图 4 - 12 - 3 所示程序,并使程序处于监视模式下运行程序,通过拨动开关控制输入端,观察输出端(LED 显示区)的变化,也可通过主机面板上的指示灯来观察输入、输出的变化。填写表 4 - 12 - 4。

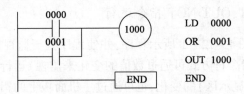

图 4 - 12 - 3 OR、OR NOT 指令程序

表 4 - 12 - 4 OR、OR NOT 指令

0000	ON	ON	OFF	OFF
0001	ON	OFF	ON	OFF
1000				

（2）分别将 LD 0000 改为 LD NOT 0000,将 OR 0001 改为 OR NOT 0001,重新编译、下载、运行程序,观察运行结果,并比较有何不同,仔细体会几条指令的工作原理和工作过程。

5. AND LD 指令

运行图 4 - 12 - 4 所示程序,改变输入端的几种变化组合,观察输出端的变化,并自己制作一张表格,记录输入、输出的不同变化。仔细体会指令的工作原理和过程。

6. OR LD 指令

运行图 4 - 12 - 5 所示程序,改变输入端的几种变化组合,观察输出端的变化,并自己制作一张表格,记录输入、输出的不同变化。仔细体会指令的工作原理和过程。

7. TIM 定时器指令

运行图 4 - 12 - 6 所示程序,观察输出端的变化,了解本电路的工作过程和功能。

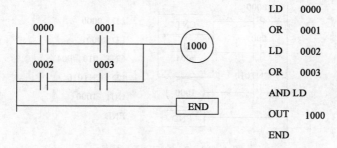

LD   0000
OR   0001
LD   0002
OR   0003
AND LD
OUT   1000
END

图 4 – 12 – 4   AND LD 指令程序

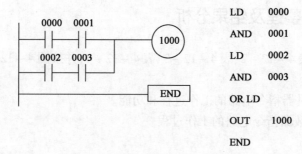

LD   0000
AND   0001
LD   0002
AND   0003
OR LD
OUT   1000
END

图 4 – 12 – 5   OR LD 指令程序

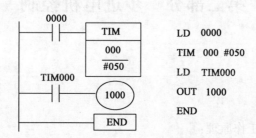

LD   0000
TIM   000 #050
LD   TIM000
OUT   1000
END

图 4 – 12 – 6   TIM 指令程序

8. CNT 计数器指令

运行图 4 – 12 –7 所示程序,在监视模式下改变输入端,来观察输出端的变化。注意以下内容:

(1)输入开关 0000 拨动几次后,是否输出 LED 亮?

(2)拨动开关 0001 后计数器是否复位、恢复到设定值?

(3)仔细体会 CNT 指令的工作过程和原理。

三、实验设备及材料

(1)PLC 可编程序控制器实验台,1 台;

(2)计算机,1 台;

(3)编程电缆,1 根;

(4)连接导线,若干。

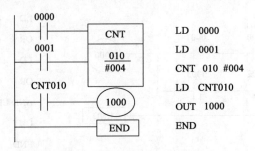

图 4 – 12 – 7　CNT 指令程序

四、实验数据整理及结果分析

（1）提交各指令表 4 – 12 – 2、表 4 – 12 – 3、表 4 – 12 – 4，并按图 4 – 12 – 4、图 4 – 12 – 5 运行程序，制作表格。

（2）叙述 TIM 定时器指令电路的工作过程和功能。

（3）叙述 CNT 计数器指令电路的工作过程。

第二部分　步进电机控制

一、实验目的

（1）掌握步进电机的工作原理；

（2）掌握用 PLC 控制步进电机的方法；

（3）学会用 PLC 基本指令和功能指令实现步进电机的编程控制。

二、实验原理

1. 步进电机的工作原理

步进电机也称为脉冲电机，它可以直接接收来自计算机的数字脉冲，使电机旋转过相应的角度。步进电机在要求快速启停、精确定位的场合作为执行部件，得到了广泛采用。

2. 四相步进电机的工作方式

（1）单相四拍工作方式，其电机控制绕组 A、B、C、D 相的正转通电顺序为 A→B→C→D→A；反转通电顺序为 A→D→C→B→A。

（2）四相八拍工作方式，正转的绕组通电顺序为 A→AB→B→BC→C→CD→D→DA→A反向的通电顺序为 A→AD→D→DC→C→CB→B→BA→A。

（3）双四拍工作方式，正转的绕组通电顺序为 AB→BC→CD→DA→AB；反向的通电顺序为 AB→AD→DC→CB→BA。

3. 步进电机特点

步进电机有如下特点：给步进脉冲电机就转,不给步进脉冲电机就不转；步进脉冲的频率越高,步进电机转得越快；改变各相的通电方式,可以改变电机的运行方式；改变通电顺序,可以控制电机的正、反转。

三、实验内容及步骤

1. 实验连线

实验连线见表 4 - 12 - 5。

表 4 - 12 - 5　实 验 连 线

主机区	实验区
10.00	A
10.01	B
10.03	D
0.00	启动按钮
0.01	停止按钮
0.02	正转按钮
0.03	反转按钮
0.04	快速按钮
0.05	慢速按钮
COM0、COM1、COM2 （主机输出区）	24V（电源供给区）
C0（主机输入区）	0V（电源供给区）
实验区按钮公共端 COM	24V（电源供给区）

实验区"0V"已共地,不需要连线。

2. 设计要求

(1)要求步进电机工作处于单相四拍工作方式,即电机控制绕组 A、B、C、D 相的正转通电顺序为 A→B→C→D→A；反转通电顺序为 A→D→C→B→A。

(2)设置以下控制按钮：启动、停止按钮；正、反转控制按钮；快速、慢速控制按钮。（提示：以上控制按钮可用锁存指令 KEEP 来实现；步进电机的脉冲可用逐位移位指令 SFT 循环移位来实现,其脉冲频率可通过控制逐位移位指令的移位脉冲来调节,而移位脉冲可用两个定时器组合来完成,要改变脉冲频率,只要改变定时器设定值即可。）

(3)程序运行后,首先按下启动按钮、然后选择正、反转按钮,最后选择快、慢速按钮,电机便会按照按钮的选择控制工作。步进电机在工作过程中可实时改变电机的转速、正反转,也可按下停止按钮,结束电机的工作。

3. 程序修改和讨论

(1)修改程序,改变步进电机的工作方式为四相八拍,上机调试通过。

（2）通过修改程序，改变步进电机工作的脉冲频率，即改变步进电机的转速，并观察步进电机的工作情况。

（3）仔细阅读源程序，掌握如何控制步进电机的正反转，考虑在程序中如何实现。

四、实验设备及材料

（1）PLC 可编程序控制实验台，1 台；

（2）计算机，1 台；

（3）编程电缆，1 根；

（4）连接导线，若干。

五、实验数据整理及结果分析

（1）提交将步进电机工作方式改为四相八拍的程序，讨论步进电机的几种工作方式有何区别？

（2）提交改变步进电机工作脉冲频率的程序。

（3）提交改变步进电机工作转动方向的程序。

六、思考题

如何实现步进电机的启动、加速及正、反转换向？

第三部分　机械手自动控制

一、实验目的

（1）掌握机械手自动控制的工作原理；

（2）掌握用 PC 控制机械手的方法；

（3）学会用 PC 基本指令和功能指令实现机械手自动控制的编程。

二、实验原理

机械手的工作示意图如图 4 - 12 - 8 所示。

三、实验内容及步骤

（1）实验连线（表 4 - 12 - 6）。

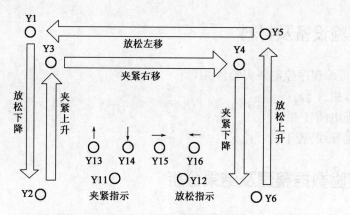

图 4 – 12 – 8　机械手自动控制示意图

表 4 – 12 – 6　实 验 连 线

主机区	实验区
10.00	Y1
10.01	Y2
10.02	Y3
10.03	Y4
10.04	Y5
10.05	Y6
10.06	Y11 夹紧指示标志
10.07	Y12 放松指示标志
11.00	Y13 上升标志
11.01	Y14 下降标志
11.02	Y15 右移标志
11.03	Y16 左移标志
0.00	K1(启动),启动按钮
0.01	K2(停止),停止按钮
0.03	上限位按钮
0.04	下限位按钮
0.05	左限位按钮
0.06	右限位按钮
COM0、COM1、COM2、COM3、COM4(主机输出区)	0V(电源供给区)
C0(主机输入区)	0V(电源供给区)
COM(K1、K2[启动、停止]按钮公共端)	24V(电源供给区)
COM(上、下、左、右限位按钮公共端)	24V(电源供给区)
24V(实验区)	24V(电源供给区)

表中 Y1～Y6 表示机械手的当前工作位置。

实验区"0V"已共地,不需要连线。

(2)运行程序。

(3)检查程序运行结果。

四、实验设备及材料

(1)PC 可编程序控制器实验台,1 台;

(2)计算机,1 台;

(3)编程电缆,1 根;

(4)连接导线,若干。

五、实验数据整理及结果分析

根据机械手运行指示灯的亮、灭顺序,分析机械手的工艺流程。

六、思考题

如何修改程序以实现机械手工作方向的改变?

第五章

模具及工艺实验

实验 1　冲压模具测量实验

一、实验目的

(1)了解冲压模具的结构及工作过程；

(2)掌握冲压模具的尺寸测量方法；

(3)会使用制图软件画出模具工作面的截面图。

二、实验内容

用游标卡尺测量现有的冲压模具,用 CAD 软件画出模具工作面的截面图。

三、实验原理

1.游标卡尺的使用方法

游标卡尺包括主尺和游标尺,副尺上安装紧固螺钉、内测量爪、外测量爪和深度尺,其结构如图 5 - 1 - 1 所示。

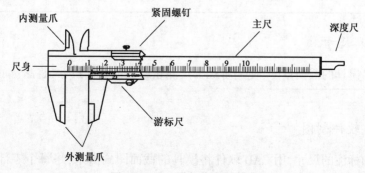

图 5 - 1 - 1　游标卡尺结构图

游标卡尺读数规则：

（1）从游标尺的零刻度线对准的主尺位置，读出主尺毫米刻度值，取整数计为 a；

（2）找出游标尺的第几刻线和主尺上某一刻线对齐，若第 n 刻线和主尺上某一刻线对齐，则游标读数为 $n \times$ 精度，精度由游标尺的分度决定，50 分度的游标尺精度为 $0.02\,\mathrm{mm}$；

（3）总长度 $b = a + n \times$ 精度。

2. CAD 软件制图

在 CAD 中，使用"绘图"菜单中的命令，可以绘制点、直线、圆、圆弧和多边形等简单二维图形。

1）绘图工具栏

绘图工具栏中的每一个工具按钮都和一个绘图命令相对应，是图形化的绘图命令，如图 5 - 1 - 2 所示。

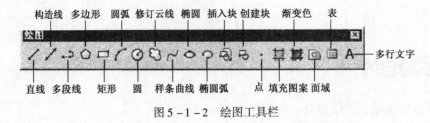

图 5 - 1 - 2　绘图工具栏

2）修改命令

修改命令如表 5 - 1 - 1 所示。

表 5 - 1 - 1　修改命令按钮及功能

功能按钮	功能	功能按钮	功能	功能按钮	功能	功能按钮	功能
	删除		阵列		拉伸		打断
	复制		移动		修剪		倒角
	镜像		旋转		延伸		倒圆角
	偏移		缩放		打断于点		分解

3. 测量模具尺寸

在纸上画出模具的截面草图，使用游标卡尺测量模具的截面尺寸，将测量的尺寸标注在草图中。

4. 用 CAD 软件制图

根据草图和标注的尺寸，用 CAD 软件将模具的截面图画出来，将每个零部件的尺寸标注在图中。

四、实验方法及步骤

(1)学习游标卡尺的使用方法;
(2)依据教师提供的模具,画出模具的截面草图;
(3)用游标卡尺测量模具的截面尺寸,标注在草图中;
(4)学习 CAD 软件的绘图命令和修改命令,用 CAD 软件将模具的截面图画出来。

五、实验设备及材料

冲压模具、游标卡尺、白纸、装有 CAD 软件的计算机。

六、实验报告要求

用 CAD 画出冲压模具工作面的截面图,要求设置图层、颜色、线型、线宽,然后根据模具尺寸设置合适的边界线和图框线并标注尺寸。

实验2 冲 模 拆 装

一、实验目的

(1)了解冲模的使用方法;
(2)了解冲模的结构及主要零件的作用;
(3)掌握冲模的拆装方法;
(4)了解冲模刃口尺寸及模具间隙的设计原则。

二、实验原理

1.冲模的结构

图5-2-1为落料用的简单冲模示意图,其结构是凹模9用压板8固定在下模板5上,下模板用螺栓固定在压力机的工作台上,凸模7用压板6固定在上模板2上,上模板则通过模柄1与压力机的滑块连接。凸模可随压力机上滑块作上下运动,导柱4和导套3使凸模向下运动能对准凹模孔,并使凸凹模之间保持均匀间隙。工作时,板料在凹模9上沿导板10送进,碰到挡料销11停止。当凸模向下冲压,冲下的零件进入凹模孔,则板料夹住凸模,并随凸模一起作回程向上运动。当板料碰到固定在凹模上的卸料板12时,则被卸料板推下并继续在导板间送进。上述动作不断重复,连续不断地冲出零件。

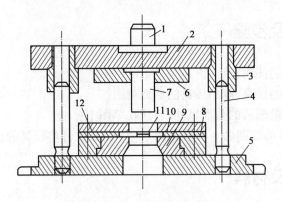

图 5 - 2 - 1　冲裁模具的结构

1—模柄;2—上模板;3—导套;4—导柱;5—下模板;

6—压板;7—凸模;8—压板;9—凹模;10—导板;

11—挡料销;12—卸料板

2. 模具间隙

模具间隙是凸模与凹模工作部分水平投影尺寸之间的间隙。

模具间隙 z 是影响落料或冲孔质量的主要因素。模具间隙 z 必须选择正确,才能顺利完成板料的分离过程,并保证落料与冲孔件有良好的质量。间隙过大,会使材料中的拉应力增大,塑性变形阶段较早结束,造成凸模刃口附近的剪裂纹比正常间隙时造成的裂纹要向里错开一段距离,导致光亮带变小,剪裂纹和毛刺较大,断口粗糙;而间隙太小,则材料中拉应力减少,压应力增强。裂纹产生时受到抑制,凸模刃口附近的剪裂纹比正常间隙时造成的裂纹要向外错开一段距离,上、下裂纹不能很好地重合,还会出现二次断裂带,断口质量很差。

模具间隙 z 是模具寿命的主要影响因素。冲裁过程中,凸模与被冲孔之间、凹模与落料间均有摩擦,模具间隙 z 越小,则摩擦越严重。实际生产中,由于制造误差和装配精度的限制,凸模和凹模平面不会绝对垂直,间隙也会分布不均,因此过小的 z 值会加快模具的磨损,降低模具使用寿命。模具间隙 z 过小还将增加冲裁力、卸料力和推件力。一般这些力随间隙的增大而减小,所以在断口质量要求不高时,应适当放大模具的间隙。

合理的模具间隙 z 可按有关表格查取,也可以由以下经验公式计算:

$$z = K\delta \tag{5 - 2 - 1}$$

式中,δ 为材料厚度;K 为与材料性能及厚度有关的系数,一般低碳钢、铜合金、铝合金 K 取 0.06 ~ 0.1,高碳钢 K 取 0.08 ~ 0.12,当 δ 大于 3mm 时,K 可适当加大。

3. 模具刃口尺寸的确定

冲裁是使板料沿封闭的轮廓线分离的工序,包括落料和冲孔。落料时,被冲下的部分是有用的工件,冲剩的料是废料;冲孔是在工件上冲出所需的孔,被冲下的是废料。冲裁工件的尺寸取决于凸模和凹模的尺寸,因此正确选择模具刃口尺寸是保证落料、冲孔件质量的重要因素。

落料模刃口尺寸的确定:落料模刃口尺寸应先按工件尺寸确定凹模尺寸,然后以凹模尺寸为设计基准,再根据模具间隙 z 确定凸模尺寸,即用缩小凸模刃口尺寸来保证间隙值。

冲孔模刃口尺寸的确定:冲孔模刃口尺寸先按冲孔件尺寸确定凸模刃口尺寸,取凸模作为设计基准件,然后根据模具间隙 z 确定凹模的尺寸,即用扩大凹模刃口尺寸来保证间隙值。

由于冲裁模具在工作过程中不可避免的磨损,为了保证零件的尺寸要求,并提高模具的使用寿命,落料时,应取凹模刃口的尺寸靠近落料件公差范围内的最小尺寸(因为落料时随凹模刃口的磨损会增大落料件尺寸);冲孔时,应取凸模刃口尺寸靠近孔的公差范围内的最大尺寸(因为冲孔时凸模的磨损会减小冲孔件的尺寸)。

三、实验内容及步骤

1. 实验内容

(1)将模具拆成零件;

(2)测量凸凹模刃口尺寸和凸凹模之间间隙;

(3)画出冲裁模具装配关系示意图;

(4)把零件装配成模具。

2. 实验步骤

(1)打开所给定模具的上、下模,仔细观察模具结构,测量有关调整件的相对位置(或作记号),并拟定拆装方案,写出步骤。

(2)按所拟拆装方案、步骤拆卸模具。注意某些组件是过盈配合,则不要拆卸,如凸模与凸模固定板、上模座与模柄、模座与导柱、导套等。

(3)对照实物画出模具装配图(草图),标出各零件的名称。

(4)观察模具与成型零件,分析模具中各零件的材料、热处理要求和在模具中的作用。

(5)画出所冲压的工件图。

(6)观察完毕将模具各零件擦拭干净、涂上机油,按正确装配顺序装配好。

(7)整理清点拆装用工具,打扫现场卫生。

3. 注意事项

(1)拆装模具时,应首先确定拆装方案,严禁乱撬乱打。

(2)拆下的部件按顺序放好,切勿乱拆乱放。

(3)拆装时注意人身、器材的安全。

四、实验设备及材料

(1)冲裁模具,1 套;

(2)拆装工具(扳手、手锤、虎钳、直尺、游标卡尺及塞尺等),1 套。

五、实验数据整理及结果分析

(1)画出所拆装的模具装配图,标出各零件的名称,并指出各主要部件的功用。

(2)给出所拆装的模具的凸凹模间隙,并分析模具间隙对落料或冲孔质量的影响。

(3)画出所冲压的工件图,分析凸凹模刃口尺寸的确定原则。

六、思考题

该模具结构是否合理? 如需改进,请提出改进方案。

实验3 数控电火花线切割加工

一、概述

电火花线切割加工是在电火花加工基础上用线状电极(钼丝或铜丝)靠火花放电对工件进行切割,故称为电火花线切割,有时简称线切割。

电火花线切割加工控制系统是进行电火花线切割加工的重要组成部分,控制系统的稳定性、可靠性、控制精度及自动化程度都直接影响到加工工艺指标和工人的劳动强度。采用数控系统,可以对线切割加工工艺参数实现精确控制,大大提高其加工精度和效率。目前,数控电火花线切割加工在民用、国防生产部门和科学研究中已经获得了广泛应用,用于各种冲模加工,微细异形孔、窄缝和复杂形状工件的加工,样板和成型刀具的加工,粉末冶金模、镶拼型腔模、拉丝模、波纹板成型模的加工,硬质材料切割、薄片切割,贵重金属材料切割加工,凸轮,特殊齿轮的加工。尤其适合于小批量、多品种零件的加工,可减少模具制作费用,缩短生产周期。

二、实验目的

(1)了解数控指令代码,初步掌握用 G 代码手工编程;
(2)掌握电火花线切割设备的结构和工作原理;
(3)掌握电火花线切割加工的各项步骤;
(4)了解加工工艺参数对加工精度及加工速度的重要影响。

三、实验原理

数控电火花线切割加工是利用工具电极(钼丝或铜丝)和工件两极之间脉冲放电时产生的电腐蚀现象对工件进行尺寸加工的。电火花腐蚀原理是:两电极在绝缘液体中靠近时,由于两电极的微观表面凹凸不平,其电场分布不均匀,离得最近凸点处的电场强度最高,极间介质被击穿,形成放电通道,电流迅速上升。在电场作用下,通道内的负电子高速奔向阳极,正离子奔向阴极形成火花放电,电子和离子在电场作用下高速运动时相互碰撞,阳极和阴极表面分别受到电子流和离子流的轰击,使电极间隙内形成瞬时高温热源,通道中心温度达到10000℃以上,以致局部金属材料熔化和气化。

数控电火花线切割加工能正常运行,必须具备下列条件:

（1）钼丝与工件被加工表面之间必须保持一定间隙,间隙的宽度由工作电压、加工量等加工条件而定。

（2）电火花线切割机床加工时,必须在有一定绝缘性能的液体介质中进行,如煤油、皂化油、去离子水等,液体介质具有较高绝缘性,将有利于产生脉冲性的火花放电,液体介质还有排除间隙内电蚀产物和冷却电极作用。电极丝和工件被加工表面之间须保持合适的间隙,如果间隙过大,极间电压不能击穿极间介质,则不能产生电火花放电;如果间隙过小,则容易形成短路连接,也不能产生电火花放电。

（3）必须采用脉冲电源,即火花放电必须是脉冲性、间歇性的。电火花线切割机床脉冲电源脉冲波形如图5-3-1所示,在脉冲间隔内,间隙介质电离可被消除,使下一个脉冲能在两极间击穿放电。

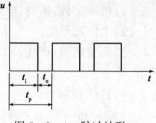

图5-3-1 脉冲波形

t_i—脉冲宽度;t_o—脉冲间隔;

t_p—脉冲周期

四、实验内容及步骤

1.实验内容

（1）了解数控电火花线切割机床结构;

（2）了解数控电火花线切割机床操作面板上的功能键作用;

（3）根据图5-3-2工件A的形状、尺寸,学习数控线切割加工的手动编程;

（4）根据表5-3-1给定实验数据,加工图5-3-3所示工件,记录其他实验数据。

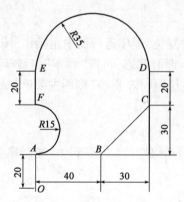

图5-3-2 工件A加工尺寸图

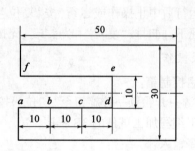

图5-3-3 工件B加工尺寸图

表5-3-1 工件B加工实验数据表

切割加工段	脉宽 μs	高频管数只	空载电压 V	放电峰值电流,A	电极走丝速度,m/s	切割时间 s	生产率 mm²/min	块宽 mm	间隙宽 mm
第一段(ab)	30	4	70	15	8				
第二段(bc)	10	4	70	15	8				
第三段(cd)	30	4	40	15	8				
第四段(def)	30	4	70	8	8				
第五段(fg)	30	2	70	15	8				
第六段(gh)	30	4	70	15	6				

2. 实验步骤

1) 数控电火花线切割机床结构的了解

数控电火花线切割机床由以下部件组成：

(1) 机床主体：床身、丝架、走丝机构、X—Y 数控工作台。

(2) 工作液系统。

(3) 高频电源：产生高频矩形脉冲，脉冲信号的幅值、脉冲宽度可以根据不同工作状况调节。

(4) 数控和伺服系统。

2) 数控电火花线切割机床操作面板及功能键的了解

数控线切割机床操作面板上各功能键及其作用如下：

开启——按此键，计算机进入工作状态。

回退——间隙短路时按此键，钼丝原路回退，消除短路状态。

3B/AUTO——手工编程（即 3B 和 4B 程序）与自动编程转换。按下 3B/AUTO 键，"复位"，3B 或 4B 程序区工作；抬起 3B/AUTO 键，"复位"，自动编程区工作。

检查——检查输入程序是否正确。

工作台——按此键，工作台与计算机程序同步运行，即"联机"，此时 X、Y、U、V 指示灯亮。

加工——按下，机床进入正常加工状态；抬起，加工停止。

单段——按此键，程序单段运行。

速度Ⅱ——加工进给速度转换，按下，低速切割；抬起，高速切割。

速度调节——调节切割速度。

单步——按一次，步进电机运行一次。

复位——中止当前操作或回初始状态；有条件复位，程序运行前中止操作，按"复位"回主菜单；程序运行后中止操作或运行，按"复位"停于即时状态；再按"回车"继续工作无条件复位；任何情况下，同时按"复位"和"单步"，先按"复位"再按"单步"则回主菜单。

3) 机床操作

(1) 开启控制箱：

插总电源→开箱锁→拧旋钮至"1"位→按下启动绿灯（以上按键均在控制箱右侧）。

(2) 手工编写加工试件的 3B 程序。

(3) 程序输入：

①按 3B/AUTO 键→按"开启"→"复位"→显示主菜单。

②输入加工试件的 3B 或 4B 程序。

③若需修改、插入、删除程序，均在编辑功能中完成。在主菜单下选择"3"编辑→显示程序号→按"中止/废除"键→显示"1. 修改　2. 插入　3. 删除"。选"1"修改——输入将修改程序段号→重新输入该程序→回车；选"2"插入——输入插入段号（该段之后的所有程序段将自动后移一程序段号）→输入该段程序内容；选"3"删除——输入将删除段号→回车即返回主菜单。

4) 图像检验程序

程序输入完毕后，按"复位"回主菜单。现选择主菜单中的选项"4"（即切割运行），根据提示输入参数,即可显示图像:其中 3B 格式中无锥度偏移及间隙补偿,可直接回车;3B、4B 格式的整体图形可旋转 90°、180°或 270°;"段号"项输入须运行程序的起始段号。

若图像有误,可复位回主菜单,选"3"编辑功能对程序修改、插入、删除。

5)机床准备部分

(1)开启机床电源。

(2)装夹工件:工件接正极,钼丝接负极。

(3)按顺序打开"走丝""工作液"开关。

(4)输入切割工艺参数。

6)切割加工

(1)图形显示后,屏幕的右下角有符号"@"闪烁,此时手调机床工作台的纵、横向手轮进行对刀。

(2)顺序按下控制箱上的"工作台""加工"键,至此准备工作就绪。

(3)打上机床上的"高频"开关,回车,机床进入加工状态,控制面板上的 X、Y 指示灯闪烁。

(4)逐渐调起速度旋钮,此时显示屏光标闪烁跟踪图形的切割位置,右上角有坐标值滚动;加工完毕,显示屏的右上角将出现符号"@"。

7)关机

(1)顺序关闭机床上的"高频""工作液""走丝"。

(2)抬起控制箱上的"工作台""加工",调节速度旋钮恢复至底位。

(3)关控制箱:置控制箱右侧的旋钮于"0"位,逆时针旋锁匙一位,拔下总电源插头。

五、实验设备及材料

(1)数控电火花线切割机床(DK7732 型),1 台;

(2)试板(A_3 淬火钢,100mm ×80mm ×2.5mm),2 块;

(3)卡尺,1 把。

六、实验数据整理及结果分析

(1)针对图 5 - 3 - 2 所示 A 工件,沿 $OA \rightarrow AB \rightarrow BC \rightarrow CD \rightarrow DE \rightarrow EF \rightarrow FA \rightarrow AO$ 路线手工编程。

(2)填写表 5 - 3 - 1。

(3)根据表 5 - 3 - 1 数据,分析影响线切割加工工艺指标的电参数(脉宽、高频管数、电压)以及电极走丝速度对生产率、工件加工精度和加工表面粗糙度的影响。

七、思考题

电极直径对线切割加工工艺指标会有什么影响?

实验 4　电火花成型加工实验

一、实验目的

(1)通过对电火花加工的实际操作和观察实验全过程,加深对电火花加工方法的理解;

(2)掌握电火花成型机的工作原理、特点和应用,了解电火花成型加工机床的简单操作,学会电火花成型加工的参数设置。

二、实验内容

了解电火花成型加工机床的结构、工作原理及操作方法;根据所给零件,确定加工工艺参数;观察零件的加工全过程,最后对零件加工质量作出评定。

三、实验原理

电火花加工的原理是基于电极和工件之间脉冲性火花放电的电腐蚀现象来蚀除多余的金属,从而达到尺寸加工成型质量的预定要求。

把适当的脉冲电压加到两个电极上,使其经常保持一个很小的放电间隙,在理想的条件下即相对某一间隙最小处或绝缘强度最低处击穿工作液介质,在其加工表面产生火花放电。瞬时高温使工件和工具表面都蚀除掉一些金属,并形成一个个小坑,如图 5-4-1 所示。

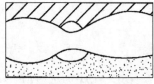
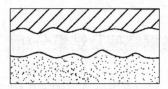

(a)单个脉冲放电后的电蚀凹坑　　　　(b)连续脉冲放电后的电极表面

图 5-4-1　脉冲性火花放电的电腐蚀现象

当这一脉冲性放电过程结束后,经过一段时间间隔,使电极和工件恢复绝缘后,第二个脉冲加到两极上,当极间间距相对最近与绝缘强度最弱处又会产生脉冲性击穿放电,又电蚀出一个小凹坑,实际上只要足够的高频脉冲能量连续不断地重复产生脉冲性放电,电极反复不断地向工件进给,就可将电极的形象复制在工件上,整个工具和工件表面形成均匀的小凹坑面,从而达到加工目的。因此在电火花加工中必须使电极与工件表面之间保持一定的放电间隙,通常约为几微米至几百微米,它需要根据加工条件和加工要求来确定。如果间隙过大,极间瞬时脉冲性放电不能击穿极间介质而放电,使其不能加工或加工慢,如果间隙过小,就会形成短路接触而烧伤,同样也不能产生火花放电。在电火花加工过程中必须使电极具备足够能量的高频脉冲电源才能进行加工,所以在电火花加工过程中必须使电极具备自动进给及自动调节的装置。

电火花加工不但要具备一定的间隙,还要具备足够能量的高频脉冲电源才能进行加工,使其火花放电为瞬时的脉冲性放电,如图 5 - 4 - 2 所示。

图中 t_i 为脉冲宽度, t_o 为脉冲间隔, $t_i + t_o = t_p$ 为脉冲周期。在保持放电延续一段时间后,需停歇一段时间。这样才能使放电所产生的热量来不及传导扩散到其余部分,使每一次的放电分别局限在很小范围内;否则,像持续电弧放电那样,使放电点大量发热、熔化,就会导致电极和工件烧伤,无法进行尺寸加工,因此电火花加工必须采用脉冲电源。

电火花加工还必须在有一定绝缘性能的液体介质中进行,例如煤油、机油、皂化液或等离子水等,这些液体介质统称工作液,它们必须具有较高的绝缘强度,要求一般为 $10^3 \sim 10^7 \Omega/cm$。工作液能使火花击穿放电通道形成,并使放电通道起到压缩作用,使放电能量集中,提高能量密度,保证正常的脉冲性火花放电,放电结束后又迅速恢复间隙中的绝缘状态,在这一过程中同时帮助在电火花加工中产生的金属小屑、炭黑等电蚀产物从放电间隙中悬浮排除出去,对电极和工件起到较好的冷却作用。因此,电火花加工需要一套工作液循环过滤装置。图 5 - 4 - 3 所示为电火花加工原理示意图。

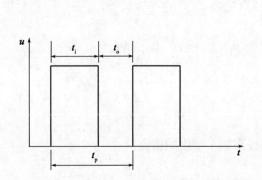

图 5 - 4 - 2　矩形波脉冲电源的电压波形

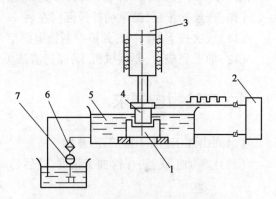

图 5 - 4 - 3　电火花加工原理示意图

1—工件;2—脉冲电源;3—主轴头;4—工具电极;

5—工作液;6—过滤器;7—工作液泵

本实验采用的电火花机床为立柱式。在床身基座上安装着立柱和工作台,立柱上安装着可上下伺服进给运动的主轴头,工作台上安装油槽。其优点是刚性好,导轨受压均匀,比较容易制造和装配。组成部件包括主机、脉冲电源、伺服进给系统、工作液循环过滤系统及各种机床附件。

四、实验方法及步骤

(1)根据教师的要求,确定加工参数;

(2)按照操作规程操作电火花成型机完成零件的加工;

(3)测量加工件的尺寸,将设置尺寸和加工件的尺寸进行比较,对加工精度作出评价。

五、实验设备及材料

D7132 型电火花成型加工机床、待加工试样等。

六、电火花成型加工机床操作时的注意事项

(1)开机前应仔细检查机床、控制柜有无异常。给机床导轨加润滑油。

(2)开启控制柜电源空开,依次按下 NC、OT。

(3)将工件安装在工作台上适当位置。

(4)安装电极头,调整电极头工作面与工件平行。

(5)按1(或者2、3,代表不同的速度挡位),然后按控制柜面板上的 Z+、Z−,使主轴头上下移动,按 Z−使主轴头接近工件。

(6)当主轴头接近工件时,依次按 F6 和手柄上的 Z−使主轴头和工件接触,发出蜂鸣声。

(7)依次按 X→0、Y→0、Z→0,然后把 Z 轴上升一点。

(8)依次按 MENU、2,切换到加工界面(在加工界面中,按 F1 插入数据,按 F3 删除数据,按 F7 将工时清零),设置加工深度(为负值)。

(9)按绿色的加油按钮(加油的时候把泄油棒关掉),当液面高于加工面 30~50mm 时按放电按钮,即闪电 ON;加工结束时按停止放电按钮,即闪电 OFF。

(10)按放油按钮,把泄油杆拉起向左转一点,放油。

(11)依次按下 OT、NC,关掉控制柜电源空开。

(12)加工完成后,要擦拭机床,保持清洁关机。

七、实验报告要求

(1)列出加工时所用的工艺参数。

(2)计算加工误差,评价加工精度,然后总结提高加工精度的措施。

第六章
数据分析及处理方法

第一节　数据分析方法

　　实验过程中必然要采集大量的数据,实验结果的物理量之间的规律就隐藏在这些数据之中,这也是"必然规律隐藏于偶然因素之中"哲学体现。实验人员需要对实验数据进行记录、整理、计算与分析、拟合、提取等方法,从中寻找出测量对象的内在规律,从而得到正确的实验结果,并将其作为依据,进一步指导科学研究和工程应用。因此,数据的处理是实验工作的核心和目的。实验的最终目的是通过数据的获得和处理,从中揭示出有关物理量的关系,或找出事物的内在规律性,或验证某种理论的正确性,或为以后的实验准备依据。因而,需要对所获得的数据进行正确的处理,数据处理贯穿于从获得原始数据到得出结论的整个实验过程,包括数据记录、整理、计算、作图、分析等方面涉及数据运算的处理方法。常用的数据处理方法有列表法、图示法、图解法、逐差法、最小二乘法和多元回归分析等,下面分别予以简单讨论。

一、列表法

　　列表法是将实验所获得的数据用表格的形式进行排列的数据处理方法。列表法的作用有两种:一是记录实验数据,二是能显示出物理量间的对应关系。其优点是,能对大量杂乱无章的数据进行归纳整理,使之既有条不紊,又简明醒目;既有助于表现物理量之间的关系,又便于及时地检查和发现实验数据是否合理,减少或避免测量错误;同时,也为图示法等处理数据奠定了基础。

　　采用列表的方法记录和处理数据是一种良好的科学工作习惯,要设计出一个栏目清楚、行列分明的表格,也需要在实验中不断训练,逐步掌握、熟练,并形成习惯。

　　一般来讲,在用列表法处理数据时,应遵从如下原则:

　　(1)栏目条理清楚,简单明了,便于显示有关物理量的关系。

　　(2)在栏目中,应给出有关物理量的符号,并标明单位(一般不重复写在每个数据的后面)。

　　(3)填入表中的数字应是有效数字。

　　(4)必要时需要加以注释说明。

　　例如,用螺旋测微计测量钢球直径的实验数据列表处理如表6－1－1所示。

表 6 – 1 – 1　用螺旋测微计测量钢球直径的数据记录表（$\Delta = \pm 0.004$mm）

次数	初读数，mm	末读数，mm	直径 D，mm	$D_i - \overline{D}$，mm
1	0.004	6.002	5.998	+ 0.0013
2	0.003	6.000	5.997	+ 0.0003
3	0.004	6.000	5.996	− 0.0007
4	0.004	6.001	5.997	+ 0.0003
5	0.005	6.001	5.996	− 0.0007
6	0.004	6.000	5.996	− 0.0007
7	0.004	6.001	5.997	+ 0.0003
8	0.003	6.002	5.999	+ 0.0023
9	0.005	6.000	5.995	− 0.0017
10	0.004	6.000	5.996	− 0.0007

　　从表中,可计算出(运算中 $\overline{D}$ 保留最后两位存疑数字)

$$\overline{D} = \frac{\sum D_i}{n} = 5.9967(\text{mm})$$

取 $\overline{D} \approx 5.997\text{mm}, v_i = D_i - \overline{D}$。

A 类不确定度(结果保留最后两位存疑数字)为

$$S_D = \sqrt{\frac{\sum v_i^2}{(n-1)}}$$

$$\approx 0.0011(\text{mm})$$

B 类不确定度(按均匀分布,结果保留最后两位存疑数字)为

$$U_D = \frac{\Delta}{\sqrt{3}}$$

$$\approx 0.0023(\text{mm})$$

则　　　　　　　$$\sigma = \sqrt{S_D^2 + U_D^2} \approx 0.0026 \ (\text{mm})$$

取 $\sigma = 0.003 \ (\text{mm})$,测量结果为 $D = 5.997 \pm 0.003(\text{mm})$。

二、图示法

　　图示法就是采用图形的方式呈现物理规律的一种实验数据处理方法。一般来讲,一个物理规律可以用三种方式来表述——文字表述、解析函数关系表述和图形表示。图示法处理实验数据的优点是能够直观、形象地显示各个物理量之间的数量关系,便于比较分析。一条图线上可以有无数组数据,可以方便地进行内插值和外推,特别是对那些尚未找到解析函数表达式的实验结果,可以依据图示法所画出的图线寻找到相应的经验公式。因此,图示法是体现和处理实验数据的最佳方法。

　　想要制作一幅完整而正确的图线,必须遵循如下原则及步骤:

（1）选择合适的坐标纸。作图一定要用坐标纸,常用的坐标纸有直角坐标纸、对数坐标纸、极坐标纸等。选用的原则是尽量让所作图线呈直线,有时还可采用变量代换的方法将图线作成直线。

（2）表的分度和标记。一般用横轴表示自变量,纵轴表示因变量,并标明各坐标轴所代表的物理量及其单位(可用相应的符号表示)。坐标轴的分度要根据实验数据的有效数字及对结果的要求来确定。原则上,数据中的可靠数字在图中也应是可靠的,即不能因作图而引进额外的误差。在坐标轴上应每隔一定间距均匀地标出分度值,标记所用有效数字的位数应与原始数据有效数字的位数相同,单位应与坐标轴单位一致。要恰当选取坐标轴比例和分度值,使图线充分占有图纸空间,不要缩在一边或一角。除特殊需要外,分度值起点可以不从零开始,横、纵坐标可采用不同比例。

（3）描点。根据测量获得的数据,用一定的符号在坐标纸上描出坐标点。一张图纸上画几条实验曲线时,每条曲线应用不同的标记,以免混淆。常用的标记符号有⊙、十、×、△、□等。

（4）连线。要绘制一条与标出的实验点基本相符的图线,图线尽可能多地通过实验点,由于测量误差,某些实验点可能不在图线上,应尽量使其均匀地分布在图线的两侧。图线应是直线或光滑的曲线或折线。

（5）注解和说明。应在图纸上标出图的名称、有关符号的意义和特定实验条件。如,在绘制的热敏电阻—温度关系的坐标图上应标明"电阻—温度曲线""十—实验值""×—理论值""实验材料:碳膜电阻"等。

三、图解法

图解法是在图示法的基础上,利用已经作好的图线,定量地求出待测量或某些参数或经验公式的方法。

由于直线不仅绘制方便,而且所确定的函数关系也简单等特点,因此,对非线性关系的情况,应在初步分析、把握其关系特征的基础上,通过变量变换的方法将原来的非线性关系化为新变量的线性关系,也就是将"曲线化直"。然后再使用图解法。

下面仅就直线情况简单介绍一下图解法的一般步骤:

（1）选点。通常在图线上选取两个点,所选点一般不用实验点,并用与实验点不同的符号标记,此两点应尽量在直线的两端。如记为 $A(x_1,y_1)$ 和 $B(x_2,y_2)$,并用"＋"表示实验点,用"⊙"表示选点。

（2）求斜率。根据直线方程 $y = kx + b$,将两点坐标代入,可解出图线的斜率为

$$k = \frac{y_2 - y_1}{x_2 - x_1}$$

（3）求与 y 轴的截距,可解出

$$b = \frac{x_2 y_1 - x_1 y_2}{x_2 - x_1}$$

（4）与 x 轴的截距,记为

$$x_0 = \frac{x_2 y_1 - x_1 y_2}{y_2 - y_1}$$

例如,用图示法和图解法处理热敏电阻的电阻 R_T 随温度 T 变化的测量结果。在遇到非线性的函数关系时,一般采取曲线化直的方法,来达到线性处理。

(1)曲线化直:根据理论,热敏电阻的电阻—温度关系为

$$R_T = ae^{\frac{b}{T}}$$

为了方便地使用图解法,应将其转化为线性关系,取对数有

$$\ln R_T = \ln a + \frac{b}{T}$$

令 $y = \ln R_T$, $a' = \ln a$, $x = \frac{1}{T}$,有

$$y = a' + bx$$

这样,便将电阻 R_T 与温度 T 的非线性关系化为 y 与 x 的线性关系。

(2)转化实验数据:将电阻 R_T 取对数,将温度 T 取倒数,然后用直角坐标纸作图,将所描数据点用直线连接起来。

(3)使用图解法求解:先求出 a' 和 b;再求 a;最后得出 R_T 与 T 函数关系。

四、逐差法

由于随机误差具有抵偿性,对于多次测量的结果,常用平均值来估计最佳值,以消除随机误差的影响。但是,当自变量与因变量成线性关系时,对于自变量等间距变化的多次测量,如果用求差平均的方法计算因变量的平均增量,就会使中间测量数据两两抵消,失去利用多次测量求平均的意义。例如,在拉伸法测杨氏模量的实验中,当荷重均匀增加时,标尺位置读数依次为 $x_0, x_1, x_2, x_3, x_4, x_5, x_6, x_7, x_8, x_9$,如果求相邻位置改变的平均值有

$$\overline{\Delta x} = \frac{1}{9}\left[(x_9 - x_8) + (x_8 - x_7) + (x_7 - x_6) + (x_6 - x_5) + \cdots + (x_1 - x_0) \right]$$

$$= \frac{1}{9}(x_9 - x_0)$$

即中间的测量数据对 $\overline{\Delta x}$ 的计算值不起作用。为了避免这种情况下中间数据的损失,可以用逐差法处理数据。

逐差法是物理实验中常用的一种数据处理方法,特别是当自变量与因变量成线性关系,而且自变量为等间距变化时,更有其独特的特点。

逐差法是将测量得到的数据按自变量的大小顺序排列后平分为前后两组,先求出两组中对应项的差值(即求逐差),然后取其平均值。例如,对上述杨氏模量实验中的 10 个数据用逐差法处理如下。

(1)将数据分为两组:

I 组:x_0, x_1, x_2, x_3, x_4;

II 组:x_5, x_6, x_7, x_8, x_9;。

(2)求逐差:$x_5 - x_0, x_6 - x_1, x_7 - x_2, x_8 - x_3, x_9 - x_4$。

(3)求差平均:$\overline{\Delta x'} = \frac{1}{5}\left[(x_5 - x_0) + \cdots + (x_9 - x_4) \right]$。

在实际处理时可用列表的形式且较为直观,如表 6 - 1 - 2 所示。

表 6-1-2 逐差法处理数据

Ⅰ组	Ⅱ组	逐差$(x_{i+5} - x_i)$
x_0	x_5	$x_5 - x_0$
x_1	x_6	$x_6 - x_1$
x_2	x_7	$x_7 - x_2$
x_3	x_8	$x_8 - x_3$
x_4	x_9	$x_9 - x_4$

但要注意的是：使用逐差法时，$\Delta x'$相当于一般平均法中$\overline{\Delta x}$的$\dfrac{n}{2}$倍（n 为 x_i 的数据个数）。

五、最小二乘法

通过实验获得测量数据后，可确定假定函数关系中的各项系数，这一过程就是求取有关物理量之间关系的经验公式。从几何上看，就是要选择一条曲线，使之与所获得的实验数据更好地吻合。因此，求取经验公式的过程也即是曲线拟合的过程。那么，怎样才能获得正确的与实验数据配合的最佳曲线呢？常用的方法有两类：一是图估计法，二是最小二乘拟合法。

图估计法是凭眼力估测直线的位置，使直线两侧的数据均匀分布，其优点是简单、直观、作图快；缺点是图线不唯一，准确性较差，有一定的主观随意性。如，图解法、逐差法和平均法都属于这一类，是曲线拟合的粗略方法。

最小二乘法是以严格的统计理论为基础，是一种科学而可靠的曲线拟合方法。此外，还是方差分析、变量筛选、数字滤波、回归分析的数学基础。在此仅简单介绍其原理和对一元线性拟合的应用。

1. 最小二乘法的基本原理

设在实验中获得了自变量 x_i 与因变量 y_i 的若干组对应数据(x_i, y_i)，在使偏差平方和 $\sum [y_i - f(x_i)]^2$ 取最小值时，找出一个已知类型的函数 $y = f(x)$（即确定关系式中的参数）。这种求解 $f(x)$ 的方法称为最小二乘法。直观示意图如图 6-1-1 所示。

换而言之，由于误差具有正负性，直接相减会导致误差消除，无法反映出数据真实性，所以采用"误差的平方和最小"作为最小二乘法的基本原理。推导过程如下：

（1）写出拟合方程：
$$y = a + bx$$

（2）现有样本$(x_1, y_1), (x_2, y_2) \cdots (x_n, y_n)$；

（3）设 d_i 为样本点到拟合线的距离，即误差：
$$d_i = y_i - (a + bx_i)$$

（4）设 D 为差方和（为什么要取平方前面已说，防止正负相互抵消）：

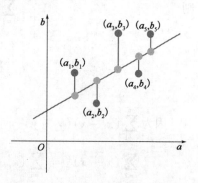

图 6-1-1　最小二乘法的示意图

$$D = \sum_{i=1}^{n} d_i^2 = \sum_{i=1}^{n} (y_i - a - bx_i)^2$$

（5）根据一阶导数等于 0，二阶导数大于等于 0（证明略）求出未知参数：

对 a 求一阶偏导为

$$\frac{\partial D}{\partial a} = \sum_{i=1}^{n} 2(y_i - a - bx_i)(-1)$$

$$= -2 \sum_{i=1}^{n} (y_i - a - bx_i)$$

$$= -2\left(\sum_{i=1}^{n} y_i - \sum_{i=1}^{n} a - b \sum_{i=1}^{n} x_i\right)$$

$$= -2(n\bar{y} - na - nb\bar{x})$$

对 b 求一阶偏导为

$$\frac{\partial D}{\partial b} = \sum_{i=1}^{n} 2(y_i - a - bx_i)(-x_i)$$

$$= -2 \sum_{i=1}^{n} (x_i y_i - ax_i - bx_i^2)$$

$$= -2\left(\sum_{i=1}^{n} x_i y_i - a \sum_{i=1}^{n} x_i - b \sum_{i=1}^{n} x_i^2\right)$$

$$= -2\left(\sum_{i=1}^{n} x_i y_i - na\bar{x} - b \sum_{i=1}^{n} x_i^2\right)$$

令偏导等于 0 得

$$-2(n\bar{y} - na - nb\bar{x}) = 0$$

则

$$a = \bar{y} - b\bar{x}$$

$$-2\left(\sum_{i=1}^{n} x_i y_i - na\bar{x} - b \sum_{i=1}^{n} x_i^2\right) = 0，并将 a = \bar{y} - b\bar{x} 代入化简得$$

$$\sum_{i=1}^{n} x_i y_i - n\bar{x}\bar{y} + nb\bar{x}^2 - b \sum_{i=1}^{n} x_i^2 = 0$$

则

$$\sum_{i=1}^{n} x_i y_i - n\bar{x}\bar{y} = b\left(\sum_{i=1}^{n} x_i^2 - n\bar{x}^2\right)$$

$$b = \frac{\sum_{i=1}^{n} x_i y_i - n\bar{x}\bar{y}}{\sum_{i=1}^{n} x_i^2 - n\bar{x}^2}$$

因为 $\sum_{i=1}^{n} (x_i - \bar{x})(y_i - \bar{y}) = \sum_{i=1}^{n} (x_i y_i - \bar{x} y_i - x_i \bar{y} + \bar{x}\bar{y}) = \sum_{i=1}^{n} x_i y_i - n\bar{x}\bar{y} - n\bar{x}\bar{y} + n\bar{x}\bar{y}$

$\sum_{i=1}^{n} (x_i - \bar{x})^2 = \sum_{i=1}^{n} (x_i^2 - 2\bar{x}x_i + \bar{x}^2) = \sum_{i=1}^{n} x_i^2 - 2n\bar{x}^2 + n\bar{x}^2 = \sum_{i=1}^{n} x_i^2 - n\bar{x}^2$

所以将其代入上式得

$$b = \frac{\sum_{i=1}^{n} (x_i - \bar{x})(y_i - \bar{y})}{\sum_{i=1}^{n} (x_i - \bar{x})^2}$$

而且可证明

$$\frac{\mathrm{d}^2}{\mathrm{d}x_0^2} \sum_{i=1}^{n} (x_i - x_0)^2 = \sum_{i=1}^{n} (2) = 2n > 0$$

说明 $\sum_{i=1}^{n} (x_i - x_0)^2$ 可以取得最小值。

可见，当 $x_0 = \bar{x}$ 时，各次测量偏差的平方和为最小，即平均值就是在相同条件下多次测量结果的最佳值。

根据统计理论，要得到上述结论，测量的误差分布应遵从正态分布（高斯分布）。这也即是最小二乘法的统计基础。

2. 一元线性拟合

设一元线性关系为 $y = a + bx$，实验获得的 n 对数据为 $(x_i, y_i)(i = 1, 2, \cdots, n)$。由于误差的存在，当把测量数据代入所设函数关系式时，等式两端一般并不严格相等，而是存在一定的偏差。为了讨论方便起见，设自变量 x 的误差远小于因变量 y 的误差，则这种偏差就归结为因变量 y 的偏差，即

$$v_i = y_i - (a + bx_i)$$

根据最小二乘法，获得相应的最佳拟合直线的条件为

$$\frac{\partial}{\partial a} \sum_{i=1}^{n} v_i^2 = 0$$

$$\frac{\partial}{\partial b} \sum_{i=1}^{n} v_i^2 = 0$$

若记

$$I_{xx} = \sum (x_i - \bar{x})^2 = \sum x_i^2 - \frac{1}{n} \left(\sum x_i \right)^2$$

$$I_{yy} = \sum (y_i - \bar{y})^2 = \sum y_i^2 - \frac{1}{n} \left(\sum y_i \right)^2$$

$$I_{xy} = \sum (x_i - \bar{x})(y_i - \bar{y}) = \sum (x_i y_i) - \frac{1}{n^2} \sum x_i \cdot \sum y_i$$

代入方程组可以解出

$$a = \bar{y} - b\bar{x}$$

$$b = \frac{I_{xy}}{I_{xx}}$$

由误差理论可以证明，最小二乘一元线性拟合的标准差为

$$S_a = \sqrt{\frac{\sum x_i^2}{n \sum x_i^2 - \left(\sum x_i \right)^2}} \cdot S_y$$

$$S_b = \sqrt{\frac{n}{n \sum x_i^2 - \left(\sum x_i \right)^2}} \cdot S_y$$

$$S_y = \sqrt{\frac{\sum (y_i - a - bx_i)^2}{n - 2}}$$

为了判断测量点与拟合直线符合的程度,需要计算相关系数 r,其定义如下:

$$r = \frac{I_{xy}}{\sqrt{I_{xx} \cdot I_{yy}}}$$

一般地,$|r| \leqslant 1$。如果 $|r| \to 1$,说明测量点紧密地接近拟合直线;如果 $|r| \to 0$,说明测量点离拟合直线较分散,应考虑用非线性拟合。

相关系数的取值范围为 $[-1, 1]$,$|r|$ 的大小反映了两个变量间线性关系的密切程度(表 6-1-3),利用它可以判断两个变量间的关系是否可以用直线方程表示。

表 6-1-3　r 值与拟合参数之间的关系

r 值	两变量之间的关系
$r = 1$	完全正相关
$0 < r < 1$	正相关,越接近 1,相关性越强;越接近 0,相关性越弱
$r = 0$	不线性相关
$-1 < r < 0$	负相关,越接近 -1,相关性越强;越接近 0,相关性越弱
$r = -1$	完全负相关

从上面的讨论可知,回归直线一定要通过点 $(\bar{x}, \bar{y})$,这个点称为该组测量数据的重心。注意,此结论对于用图解法处理数据是很有帮助的。

一般来讲,使用最小二乘法拟合时,要计算上述 6 个参数:a, b, S_a, S_b, S_y, r。

例如,表 6-1-4 给出了在不同温度时反应产物产率的关系。

表 6-1-4　不同温度时反应产物产率

反应温度,K	373	383	393	403	413	423	433	443	453	463
反应产率,%	45	51	54	61	66	70	74	78	85	89

根据 Origin 软件,以反应产物产率对反应温度作图,二者基本上呈现线性关系,利用软件继续拟合,见图 6-1-2 和图 6-1-3。

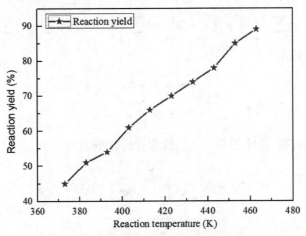

图 6-1-2　实验数据作图(软件截图)

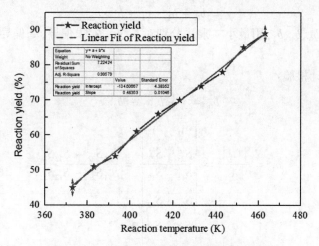

图 6 – 1 – 3　实验数据的直线拟合(软件截图)

从软件中得到的拟合信息如下：

Y = A + B * X

Parameter　Value　Error

- -

A = – 134. 60667 4. 38352

B = 0. 48303 0. 01046

- -

R　SD　N　P

- -

0. 99813　0. 95028　10　< 0. 0001

- -

六、多元回归分析

1. 多元非线性回归分析的一般模型

多元非线性回归分析,即转换为多元线性回归分析,多元线性回归分析,与一元线性回归分析基本相同,只是在自变量的选定上、求解回归方程及统计检验等方面比一元回归要复杂一些。多元线性回归模型为

$$y = b_0 + b_1 \cdot x_1 + b_2 \cdot x_2 + \cdots + b_m \cdot x_m$$

2. 参数求法为最小二乘法

根据最小二乘法的原理,求使 $\min \sum [y_i - (b_0 + b_1 x_1 + b_2 x_2 + \cdots + b_m x_m)]$ 成立的参数 b_1,b_2,$\cdots$,b_j。分别对 b_j 求偏导数,偏导数等于 0 时,上式取得最小值,可以得到 $m + 1$ 个关于 b_j 的标准方程,使用线性代数中的行列式解法,可以求出回归系数 b_j。

3. 以二元回归分析为例,建立多元回归方程

由定性判断得知,因变量 Y 与自变量 X_1、X_2 存在线性相关关系,模型形式为

$$y = b_0 + b_1 \cdot x_1 + b_2 \cdot x_2$$

确定回归系数 b_0、b_1、b_2，用最小二乘法分别对 b_0、b_1、b_2 求偏导，令偏导数 $= 0$，构成如下方程组。

回归方程的统计检验：

$$b_0 = \bar{y} - b_1 \bar{x}_1 - b_2 \bar{x}_2$$

$$b_1 = \frac{|C_1|}{|A|} = \frac{\begin{vmatrix} S_{1y} & S_{12} \\ S_{2y} & S_{22} \end{vmatrix}}{\begin{vmatrix} S_{11} & S_{12} \\ S_{21} & S_{22} \end{vmatrix}} = \frac{S_{1y}S_{22} - S_{12}S_{2y}}{S_{11}S_{22} - S_{12}S_{21}}$$

$$b_2 = \frac{|C_2|}{|A|} = \frac{\begin{vmatrix} S_{11} & S_{1y} \\ S_{21} & S_{2y} \end{vmatrix}}{\begin{vmatrix} S_{11} & S_{12} \\ S_{21} & S_{22} \end{vmatrix}} = \frac{S_{11}S_{2y} - S_{1y}S_{22}}{S_{11}S_{22} - S_{12}S_{21}}$$

$$\frac{\partial G}{\partial b_0} = 2 \sum_{i=1}^{n} (y_i - b_0 - b_1 x_{1i} - b_2 x_{2i})(-1) = 0$$

$$\frac{\partial G}{\partial b_1} = 2 \sum_{i=1}^{n} (y_i - b_0 - b_1 x_{1i} - b_2 x_{2i})(-x_{1i}) = 0$$

$$\frac{\partial G}{\partial b_2} = 2 \sum_{i=1}^{n} (y_i - b_0 - b_1 x_{1i} - b_2 x_{2i})(-x_{2i}) = 0$$

整理得

$$nb_0 + b_1 \sum x_{1i} + b_2 \sum x_{2i} = \sum y_i$$

$$b_0 \sum x_{1i} + b_1 \sum x_{1i}^2 + b_2 \sum x_{1i}x_{2i} = \sum y_i x_{1i}$$

$$b_0 \sum x_{2i} + b_1 \sum x_{1i}x_{2i} + b_2 \sum x_{2i}^2 = \sum y_i x_{2i}$$

回归方程的显著性检验，检验回归方程的有效性，检验方法有 t 检验法、检验法、复相关系数检验法 R 和相关系数检验法等。

t 检验，也称 student t 检验（Student's t test），主要用于样本含量较小（例如 $n < 30$），总体标准差 σ 未知的正态分布。t 检验是用 t 分布理论来推论差异发生的概率，从而比较两个平均数的差异是否显著。它与 F 检验法并列，t 检验是戈斯特为了观测酿酒质量而发明，并于 1908 年公布。构造统计量 t 的方法如下：

$$t_j = \frac{\hat{b}_j}{S_y \sqrt{C_{jj}}}$$

$$S_y = \sqrt{\frac{\sum (y_i - \hat{y}_i)^2}{n - m}}$$

式中，t_j 为构造的 t 检验指数，S_y 为样本方差，C_{jj} 为矩阵 A 的逆矩阵的对角线上的第 j 个元素。

$$A = \begin{vmatrix} S_{11} & S_{12} \\ S_{21} & S_{22} \end{vmatrix} \cdots AA^{-1} = I \cdots A^{-1} = \begin{vmatrix} C_{11} & C_{12} \\ C_{21} & C_{22} \end{vmatrix}$$

$$t_j = \frac{b_j \cdot \sqrt{\sum (x_{ji} - \bar{x}_j)^2}}{\sqrt{\dfrac{\sum (y_i - \hat{y}_i)^2}{n - m}}}$$

式中,m 为变量个数;n 为样本数。

统计量 t 服从自由度为 $n-m$ 的 $t(n-m)$ 分布。

4. 判断规则

对于给定的置信度 α,从 t 分布表中查出 $t_{\alpha/2}(n-m)$,把它与用样本计算出来的统计量 t_0 比较:若 $t_0 > t_{\alpha/2}(n-m)$ 成立,则认为回归方程在 α 水平上显著;反之,则认为不显著,回归系数无意义,变量间不存在线性相关关系。

统计假设检验总结:对于一元回归,四种检验方法选一即可;对于多元回归必须进行 t 检验和 R、F 间严重的一种检验(表 6 - 1 - 5)。

表 6 - 1 - 5   回归有效性检验方法

检 验 目 的	检 验 方 法	统 计 量	判 断 规 则
检验回归方程的有效性	相关系数检验法	r	$0 \leqslant r \leqslant 1$
	复相关系数检验法	R	$0 \leqslant R \leqslant 1$
	F 检验	F	评估两个总体的方差是否相等
检验回归系数的有效性	t 检验	t	t 检验分为单样本 t 检验、配对 t 检验和两样本 t 检验

下面举例来说明,全回归法计算的例子和结果。

例 1   高磷钢的效率(y)与高磷钢的出钢量(x_1)及高磷钢中 FeO 的含量(x_2)有关,所测数据见表 6 - 1 - 6,请用线性回归模型拟合上述数据。

表 6 - 1 - 6 y、x_1、x_2 的所测数据

试验序号	出钢量(x_1)	FeO 含量(x_2)	效率(y),%
1	87.9	13.2	82
2	101.4	13.5	84
3	109.8	20	80
4	93	14.2	88.6
5	88	16.4	81.5
6	115.3	14.2	83.5
7	56.9	14.9	73
8	103.4	13	88
9	101	14.9	91.4
10	80.3	12.9	81
11	96.5	14.6	78
12	110.6	15.3	86.5
13	102.9	18.2	83.4

指标名称:效率单位:% ;

因素 1 名称:出钢量单位:t;

因素 2 名称:FeO 含量单位:%

————————————— 多元回归分析 —————————————

利用 Origin 软件,采用全回归法,显著性水平 $\alpha = 0.10$ 拟建立回归方程:

$y = b(0) + b(1) * X(1) + b(2) * X(2)$ 回归系数 $b(i)$:

$b(0) = 74.6$

$b(1) = 0.213$

$b(2) = -0.790$ 标准回归系数 $B(i)$:

$B(1) = 0.678$

$B(2) = -0.340$

复相关系数 $R = 0.6770$

决定系数: $R^2 = 0.4583$

修正的决定系数 $R^2 a = 0.4090$ 回归方程显著性检验(表 6 - 1 - 7):

表 6 - 1 - 7　变量分析表

变异来源	平方和	自由度	均方	均方比
回归	$U = 129$	$K = 2$	$U/K = 64.5$	$F = 4.230$
剩余	$Q = 153$	$N - 1 - K = 10$	$Q/(N - 1 - K) = 15.3$	—
总和	$L = 282$	$N - 1 = 12$	79.8	—

样本容量 $N = 13$,显著性水平 $\alpha = 0.10$,检验值 $F = 4.230$,临界值 $F(0.10, 2, 10) = 2.924$, $F > F(0.10, 2, 10)$,回归方程显著。

剩余标准差 $s = 3.91$

回归系数检验值:

t 检验值($df = 10$):

$t(1) = 2.818$

$t(2) = -1.412$

F 检验值($df1 = 1, df2 = 10$):

$F(1) = 7.940$

$F(2) = 1.993$

偏回归平方和 $U(i)$:

$U(1) = 121$

$U(2) = 30.4$

偏相关系数 $\rho(i)$:

$\rho1, 2 = 0.6653$

$\rho2, 1 = -0.4077$

各方程项对回归的贡献(按偏回归平方和降序排列):

$U(1) = 121, U(1)/U = 93.9\%$

$U(2) = 30.4, U(2)/U = 23.6\%$

第 2 方程项[$X(2)$]对回归的贡献最小,对其进行显著性检验:

检验值 $F(2) = 1.993$,临界值 $F(0.10, 1, 10) = 3.285$, $F(2) \leq F(0.10, 1, 10)$,此因素(方程项)不显著。

残差分析表如表 6 - 1 - 8 所示。

表 6 - 1 - 8 残差分析表

实验数据	观测值	回归值	观测值 - 回归值	(回归值 - 观测值)/观测值 ×100,%
1	82	82.9	- 0.9	1.1
2	84	85.5	- 1.5	1.79
3	80	82.2	- 2.2	2.75
4	88.6	82.8	5.8	- 6.55
5	81.5	80.4	1.1	- 1.35
6	83.5	88	- 4.5	5.39
7	73	75	- 2	2.74
8	88	86.4	1.6	- 1.82
9	91.4	84.4	7	- 7.66
10	81	81.5	- 0.5	0.617
11	78	83.6	- 5.6	7.18
12	86.5	86.1	0.4	- 0.462
13	83.4	82.2	1.2	- 1.44

— — — — — — — — — — — — — — — — — 回归分析结束 — — — — — — — — — — — — — — — — —

全回归法建立的回归方程为 $y = 74.6 + 0.213x_1 - 0.787x_2$,在显著性水平 $\alpha = 0.10$ 上是显著的,第二因素 (x_2) 在显著性水平 $\alpha = 0.10$ 上不显著。

第二节　Origin 软件处理实验数据

前面所叙述的处理物理实验数据的方法,包括列表法、作图法、最小二乘法等,其中最小二乘法较作图法准确、客观、无主观随意性,虽然它的计算较为繁琐,但是目前可以借助于计算机很方便地对数据进行处理(如进行线性拟合、曲线拟合等)。引入计算机处理物理实验数据这一现代化手段,在物理实验中可以利用微软、金山等常用办公软件中的电子表格软件,或者利用 OriginLab 公司(其前身为 Microcal Software 公司)的 Origin8.0 软件,对复杂的物理实验数据进行处理,可以节省大量烦琐的人工计算和绘图工作,减少中间环节的计算错误,节省时间,提高效率。

Origin 是当今世界上最著名的科技绘图和数据处理软件之一,与其他科技绘图及数据处理软件相比,Origin 在科技绘图及数据处理方面能满足大部分科技工作者的需要,并且容易掌握,兼容性好,因此成为科技工作者的首选科技绘图及数据处理软件。目前,在全球有数以万计的公司、大学和研究机构使用 OriginLab 公司的软件产品进行科技绘图和数据处理。它的主要功能和用途有:对物理实验数据进行常规处理和一般的数据统计分析,例如求测量数据列的平均值和标准偏差、快速傅立叶变换、回归分析等。此外,还可以用其对实验数据进行绘图(即利用图形来表示测量数据之间的相互关系)、用多种函数对实验曲线进行拟合等。

下面简单介绍 OriginLab 公司 Origin8.0 软件的部分功能,以及该软件是如何对物理(或科学)实验数据进行处理和绘制图形。

打开 Origin，在菜单 View—Toolbars 中可以看到许多选项，勾中后可以看到在菜单区出现很多图标，这显示了 Origin8.0 丰富的操作功能。当然，如果浏览一下各个菜单，可以发现更多的功能，见图 6 – 2 – 1。

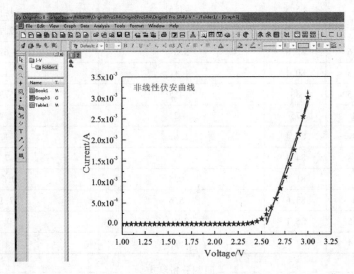

图 6 – 2 – 1　Origin8.0 的主界面

一、输入数据

以光敏电阻实验中的"光敏电阻在一定照度下的伏安特性"为例，说明 Origin8.0 的作图方法，Origin 的作图功能十分强大，在这里介绍的只是最基本的部分。采用的版本是 Origin8.0。Origin7.5 的操作在有些方面与 8.0 相差较大，所以建议读者使用 8.0 的版本。打开 Origin 后，在下方出现几个窗口，类似资源管理器的作用。

双击"Data1"打开数据表，然后可以输入作图用的数据。如果先要对直接测量值进行计算，强烈建议使用 Excel 进行数据计算，因为 Excel 的计算功能比 Origin 强大，更因为 Excel 是一个世界通用的表格计算软件，了解和使用它非常必要，但在科学作图时用 Origin 要方便得多，所以应该把两者结合起来。实际上 Origin 本身就有与 Excel 链接的功能，但在中文操作系统中有时会出现问题，所以还是分别打开为好。可用 copy/paste 命令在 Excel/Origin 之间传递数据，可在 Excel 中选中要粘贴的数据，直接粘贴到 Origin 的数据表中，粘贴的方法与在 Excel 中的操作一致。从实验中得到的数据如表 6 – 2 – 1 所示，粘贴好的画面如图 6 – 2 – 2 所示。如数据列不够多，可单击增加列的图标，见图 6 – 2 – 2。为了方便读者练习，选取了实验数据中的一部分。数据表名称是 Origin 作图—光敏电阻的伏安特性。

表 6 – 2 – 1　光敏电阻在一定光照下的伏安特性

U, V	I_{ph}, mA $\alpha = 0°$	I_{ph}, mA $\alpha = 30°$	I_{ph}, mA $\alpha = 60°$	I_{ph}, mA $\alpha = 90°$
2	1.496	1.269	0.699	0.022
4	3.003	2.540	1.400	0.045
6	4.528	3.835	2.114	0.069

U, V	I_{ph}, mA $\alpha = 0°$	I_{ph}, mA $\alpha = 30°$	I_{ph}, mA $\alpha = 60°$	I_{ph}, mA $\alpha = 90°$
8	6. 072	5. 146	2. 827	0. 093
10	7. 644	6. 467	3. 555	0. 117
12	9. 130	7. 809	4. 290	0. 143
14	10. 846	9. 274	5. 027	0. 168
16	12. 528	10. 680	5. 782	0. 193
18	14. 214	12. 179	6. 550	0. 218
20	15. 730	13. 280	7. 178	0. 273

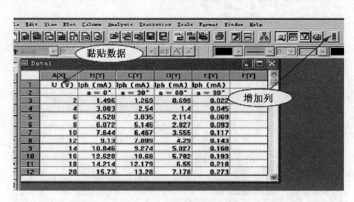

图 6 - 2 - 2　粘贴到 Origin 数据表中的数据

二、快速作图

用鼠标选中要绘图的数据,在本例中为第 3 行到第 12 行的 A ~ E 列,然后再在左下角的图标中选择图的形式,一般选 Line + Symbol 的形式,如图 6 - 2 - 3 所示。

图 6 - 2 - 3　选择作图的式样

用鼠标点击该图标后 Origin 就转到绘图窗口,给出一张曲线图,如图 6 - 2 - 4 所示。显然,这张图还需要编辑。这张图可分为 5 个部分,都可以用鼠标进行操作。用左键单击选择目标,用左键双击可对选择的目标进行具体的操作,而右键击则可进入常用操作的选择菜单。下面就围绕着这张图来完成图形的绘制,为方便起见,按图中标注编号的顺序分别操作。

1. 对坐标轴名称的操作

鼠标左键击"Y Axis Title",这时出现一个框套住要操作的区域,表示选中。左键双击进入这个框内,可直接在内部输入文字。如果是右键击,则出现一个菜单。选择"Properties…"可进入一个文本控制对话框,如图 6 - 2 - 5 所示。

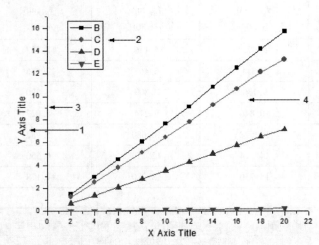

图 6 - 2 - 4 初步绘制的曲线图(软件截图)

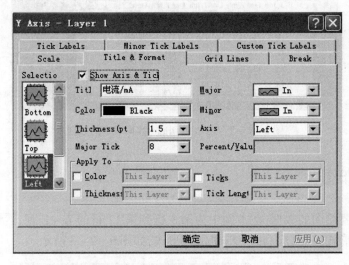

图 6 - 2 - 5 文本控制对话框

在这里,可完成对文本的各种操作。在此窗口输入"电流/mA",并把字体设置为"Times New Roman",字的尺寸设置为 22。这样就完成了对 Y 坐标轴名的操作。对 X 坐标轴名也同样处理。同理,对文字的操作都可用这个对话框完成。

2. 对图例的操作

对准字母左键点击或左键按拖动鼠标套住图例,这时图例框四周出现 8 个方形小黑块,表示整个图例可以移动。把它拖到左上方,对准字母双击可进入直接编辑,或右键点击再选择"Properties…"进入一个文本控制对话框,则出现与坐标轴名称操作类似的画面,其后的操作也是一样的。在这里把 B ~ E 列分别改为 0°、30°、60°、90°,见图 6 - 2 - 6 中右上方。

对准某个图标双击可出现一个绘图参数编辑对话框"Plot Details"。在这里可对绘图特性进行各种参数的设定,这里分三个级别,第一个是整个绘图版参数 Graph 设定,第二个是图层参数 Layer 的设定,第三个是数据参数 Data 的设定。前面两个一般不用改变,第三个可以修改线型、标记的形状、大小以及相互关系,使得图形更符合自己的要求。读者可以进入这里练习一下。注意,这些参数只是与显示有关。对准某个图标右击和在整个制图框($X-Y$坐标轴套住的区域)内右击的效果是一样的。也会有一个菜单出现,其中也有绘图编辑对话框"Plot Details"。

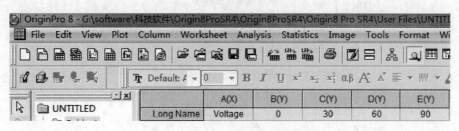

图 6-2-6　对坐标轴进行编辑

3. 对坐标轴的操作

对准 Y 坐标(或对 Y 坐标轴),这时出现一个有关 Y 坐标(或 Y 坐标轴)参数编辑的对话框,因为可编辑的参数较多,只选与物理实验作图有关的介绍,读者可在此基础上进一步操作。注意,有关坐标的所有操作可以在这里一次完成。

Tick Labels:此栏是对坐标文字特性的编辑,需要编辑的参数在右半边。Display 为选择数的表示方法,如科学记数法、工程记数法等。Divide by 是把坐标除以某个数,再下面 3 个操作分别是小数点后要显示的位数设置、坐标的前缀、坐标的后缀,只要试着把数值或文字(可以是中文)输入后再按右下方的"应用"按钮立即可以看到结果。

Scale:此栏是对坐标轴特性的编辑。一般需要编辑的参数是范围"From"、"To"、坐标轴刻度形式 Type、主标尺增量 Increment、次主标尺增量 Minor 等,其他可由 Origin 自动设定。在本例图中可看到,因为 90°的数据较小,所以曲线几乎贴到 X 轴上;而 0°最大值小于 16,所以可以把 Y 轴的范围定 $-1\sim16$。另外还有"Title & Format""Grid Lines"等设置,也可以试一下。在坐标轴对话框的左侧 Selection 栏中选中"Bottom",这时对话框的标题就会变为"X Axis"。这说明,当前的操作转到对 X 轴了,同样按照自己的要求进行设置就可以了。这样,一张图就初步完成了。当然,还可以在上面加上说明,例如图名、班级、作者等。只要点击图标"T",在适当位置输入文字即可。例如,可输入"光敏电阻伏安曲线;姓名:×××;班级:××××;日期:05-01-15",文字编辑的方法与对坐标轴名称操作的方法是一样的,做好后选中"说明"和"图例",用"左对齐"功能键使两图左对齐。如图 6-2-7 所示,双击图形上任何一条曲线的"双击图形",就可以改变图形上任何一条曲线的形状和大小,最后的结果见图 6-2-8。

4. 对曲线的操作

对曲线的操作与 2 类似,就不另外叙述了。

5. 绘图层特性的编辑

在这里的操作比较重要,前面是在数据表中把数据选中后再选择图例,然后生成了一张图。方法虽然快捷,但却不灵活。如果已经初步绘好了一张图,现在如何增加或者删除一条曲线呢? 或者如何对数据重新选择 X—Y 轴呢? 这时就要进入绘图层特性编辑的菜单中了。这里有两个菜单选项是在修改绘图时比较常用的选项,一个是"plot setup…",这个功能可以用来加入、删除曲线，修改、编辑已存在的曲线与数据表中数据的依存关系，也可以设置线形，如图6－2－9所示。另一个是"layer contents…"，顾名思义，它是用来在一个绘图层中加入或者删除曲线的。

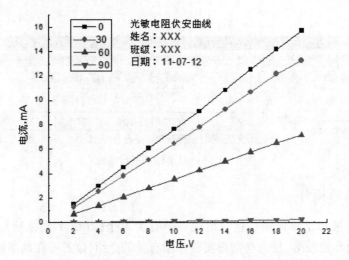

图6－2－7　改变图形的形状和大小(软件截图)

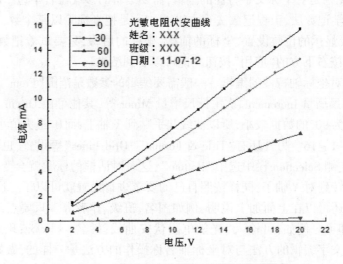

图6－2－8　需要进一步修饰的图形(软件截图)

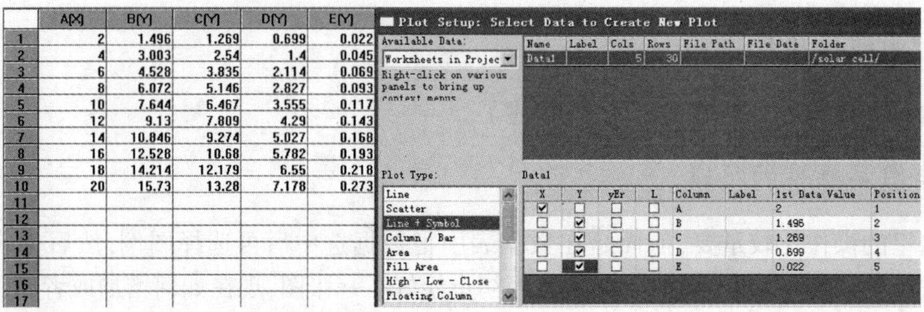

图6－2－9　绘图设置

三、图形输出

现在,就可以把初步做好的图形输出为某种格式的图形文件,以备其他程序调用。方法是,打开[File]菜单,点击"Export Page",再在"保存类型"下拉菜单中选择图形格式。对于 Winword 程序,最好选用与之兼容性好的.emf 格式或者在非 Winword 下通常所用的.eps 格式。

四、进一步修饰

仔细查看图 6 - 2 - 8,读者可能会发现,与书中常见的插图形式比较,原来是右边和上边缺少了边框,可能还缺少若干标尺线。这些都可以在对坐标轴的操作中实现。再次打开 Y 坐标轴(或者在 Y 坐标轴上双击)编辑对话框,选中 Title & Format 栏如图 6 - 2 - 10 所示。对主次标尺线选择"In",再选择轴的位置为"Top",在"Show Axis & Tick"方框中打钩,再次选主次标尺线为"In",对"Right""Bottom"也同样处理。如果在图中要显示标尺线,可在 Grid Lines 栏中编辑,最后效果如图 6 - 2 - 11 所示。

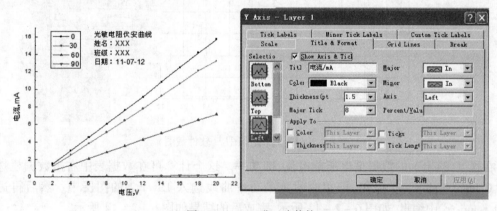

图 6 - 2 - 10 进一步修饰

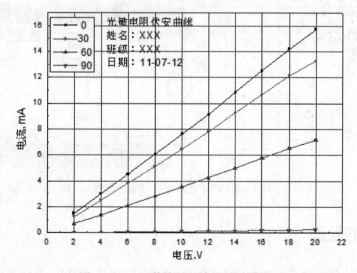

图 6 - 2 - 11 修饰后的效果(软件截图)

五、显示两个相关的曲线

　　有时需要在同一自变量中显示两条不同应变量的曲线,比如不同电压下光敏电阻的功率。这时必须在另一绘图层(layer)上作图,对于这一特性的理解是很重要的。在计算机的绘图软件中,都毫无例外地应用了这一概念,正是这一做法使得计算机的"绘图"功能强大而又灵活。可以把绘图层看成是一张张透明纸,操作就在这些透明纸上操作,这些层面是可以叠在一起的。打开菜单 Tools,选择"Layer",在"Add"栏中选中加"右边轴",如图 6 – 2 – 12 所示。这时可注意到图的左上角出现数字"2",右击它,选中"Layer Contents…"。

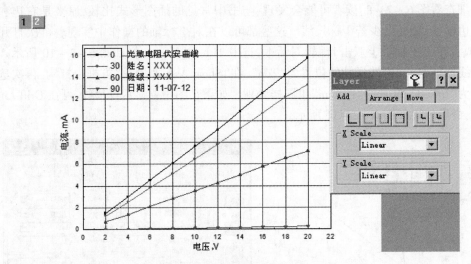

图 6 – 2 – 12　新增绘图层(软件截图)

　　在这里,给出 Y 的数据是电压乘电流,即功率。这个计算可在数据表中右击数据栏选择"Set Column Values…"操作,把相应的 4 条功率曲线选入 Layer 2 的图层中。然后再进入"Plot Setup…"中编辑,如图 6 – 2 – 13 所示,完成后的结果如图 6 – 2 – 14 所示。

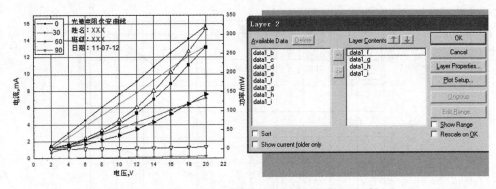

图 6 – 2 – 13　在新图层中加入数据

六、数据的处理

　　Origin8.0 里也带有数据处理的功能,也可以作统计,如线性回归、多项式拟合等。简单的处理可由 Origin 完成,但一般这类工作在 Excel 中做较好。在这里以 $\alpha = 30°$ 和 $\alpha = 60°$ 两条曲线为例作线性回归,请注意它们的区别。

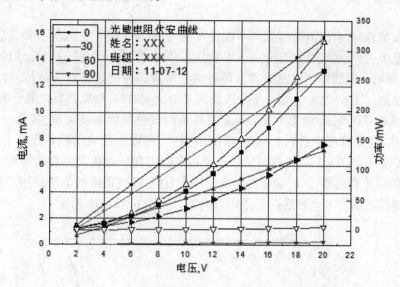

图 6 - 2 - 14　新图层中加入数据后的效果(软件截图)

右击图例中的图标或右击左上角的标号"1",选中要线性回归的数据,然后在菜单图 6 - 2 - 14 在新图层中加入数据"电流/mA;电压/V;电流曲线;光敏电阻特性曲线;姓名:×××;班级:××××;日期:07 - 1 - 31;功率/mW;功率曲线"。

[Analysis]中点击"Fit Linear",Origin8.0 就会给出 $\alpha = 30°$ 的数据的线性回归,并给出了有关统计结果。注意到这根直线并没有过零,这显然不对,曲线应过零。

然后再选择 $\alpha = 60°$ 的数据操作,这次需要在菜单 Tools 中点击"Linear Fit",这时跳出一个对话框,在"Through Zero"方框中打钩,再点"Fit",结果见图 6 - 2 - 15,其中的差别,请读者自行比较。

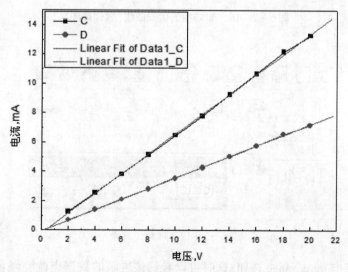

图 6 - 2 - 15　两种线性回归结果的比较(软件截图)

七、数据屏蔽

在做直线拟合时,有时有些数据点不能计入在内,但又不能把它人为去掉,比如在非线性伏安特性测量中,要求曲线直线部分的斜率、起始的弯曲部分不考虑,这时非线性伏安曲线如图6-2-16所示。非线性伏安曲线要求最好能把弯曲部分的数据点屏蔽掉,对此Origin8.0提供了这个功能。图6-2-16是一个非线性元件的伏安曲线,要取其直线部分的数据作直线拟合。打开屏蔽工具条,要注意的是,mask工具条的按钮是状态开关键,按第一次表示进入"mask"操作状态,这时可以进行"mask"功能的操作,再按一次表示确认操作并退出。点击mask range按钮,见图6-2-17,这时曲线两个端点会出现一对相向竖直的箭头,这表明这时"mask"的范围是整条曲线,同时鼠标也变成了一个方框,改变范围的方法是用方框套住箭头,按下鼠标左键拖动到另一个数据点上,如图6-2-17、图6-2-18所示。

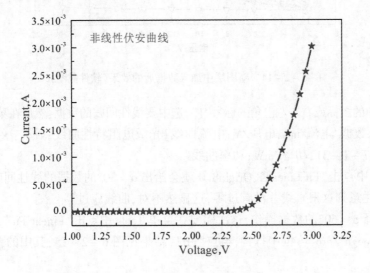

图6-2-16　非线性的伏安曲线(软件截图)

图6-2-17　屏蔽工具条

选定后,再点击mask range按钮,这时可以看到被屏蔽的数据点改变颜色,之后就可以进行所需的操作了,如图6-2-18所示。要取消屏蔽,则要点击unmask range,连续点击两次,就可以取消屏蔽。其他屏蔽功能的操作方法与此类似,比如屏蔽掉一个坏点等。

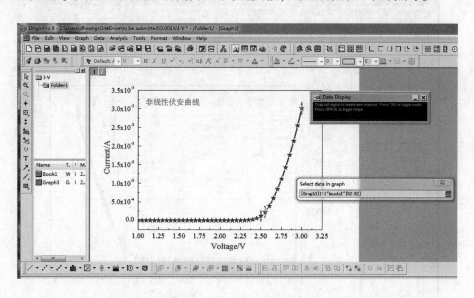

图 6 - 2 - 18 数据的屏蔽

线性拟合后的数据如下:

正向电流 I_f/A

偏置电压 V_f/V

伏安曲线拟合直线

蓝紫光发光二极管伏安特性曲线

Linear Regression for Data1_B:

Y = A + B * X

Parameter Value Error

- -

A - 0.01623 8.27623E - 4

B 0.0636 2.95627E - 4

- -

R RS N

- -

0.97881 1.98427E - 7 11

- -

八、模板

有时候需要大量的具有相同格式的图形,可以把费了不少工夫设置好的风格保存下来,
Origin 带有模板保存的功能。方法是,打开 File 菜单,选择"Save Template As⋯",设置好名称、
位置等参数就可把作好的图作为模板存起来,下次遇到类似的作图就直接可以引用了,如
图 6 - 2 -19 所示。

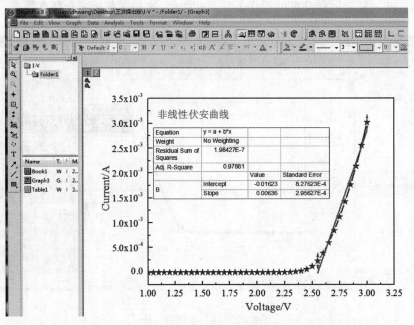

图 6-2-19　对部分数据点进行线性回归(软件截图)

第三节　Origin 应用之高阶篇

先看一组 SiC 薄膜的 Raman 数据,根据以上数据,相信读者可以很熟练地将实验数据做成如图 6-3-1 所示的风格。

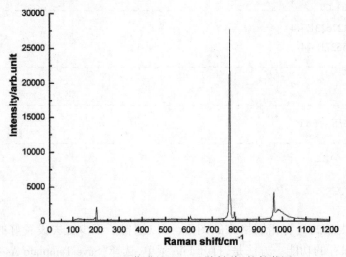

图 6-3-1　SiC 薄膜的 Raman 散射谱(软件截图)

在材料学科中,类似于这种类型的图形还有 XRD、双晶 XRD 摇摆曲线等。一方面,峰的位置决定了晶体中的成分和物相;另一方面,峰的半波宽(full width at half maxima,FWHM)或者线宽(line width)的大小与晶体结晶质量的优劣以及位错密度密切相关。因此,如何精确地确定峰的位置和计算出峰的半波宽,就显得尤为重要。

下面结合 Origin8.0 的强大功能,来说明如何利用 Origin8.0 求出这些参数的值。

一、确定峰的位置

首先点击主菜单中的"Tools"菜单,在其下拉的子菜单中找到"Pick Peaks",得到如图 6 - 3 - 2 所示界面。

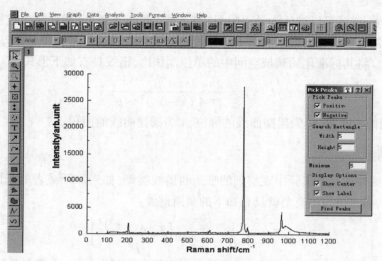

图 6 - 3 - 2　确定峰的位置(软件截图)

在出现的对话框中,要注意根据实验具体情况来选择选项,其中:Positive 指的是要标注向上的峰,正值指向上;Negative 指的是要标注向下的峰,负值指向下;其余的选项指的是选择峰的最小尺寸以及标注的位置。

根据数据的特点,选取尽可能小的数值,以便于能将图中的各个峰都能标注出来。得到了如下的图形,如图 6 - 3 - 3 所示。

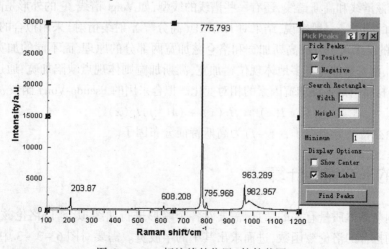

图 6 - 3 - 3　标注峰的位置(软件截图)

通过这种方式轻松地完成了对峰位置的标注,下一步将继续完成对 Raman 衍射峰值半波宽的处理。

二、谱线的线型

谱线是频率很窄的辐射场的抽样,被激发到高能级的电子返回到基态时就会产生辐射。电子与基态重新结合的发生需要一定的时间,并且要具有一定的跃迁可能。一般情况下,实验得到的谱线具有如下的三种类型。

1. 洛伦兹谱线

从外形上看,谱线可以被认为是由阻尼(基本的)振荡器产生辐射,这个过程中的辐射强度谱一般具有洛伦兹谱线的形式。由于这种谱线在辐射或者吸收过程中是很基本的,所以也称作固有谱线。将其标准化到频域空间中的单位面积内,谱线具有如下形式:

$$I_L(x) = \frac{2A}{\pi} \frac{\beta}{4(x - x_c)^2 + \beta^2}$$

式中,β 为谱线的半峰宽,x_c 为摇摆曲线的峰位,A 为摇摆曲线的面积。

2. 高斯谱线

洛伦兹谱线并不是在实验中观察到的唯一的谱线类型,如果原子或者分子的热运动影响了辐射的发生,那么谱线的类型就具有如下的高斯谱线:

$$I_G(x) = \frac{1}{\beta} \sqrt{\frac{\pi}{2}} \exp\left[\frac{-(x - x_c)^2}{\beta^2}\right]$$

因为在实验中放射气体等离子中离子的速率服从麦克斯韦分布,由于多普勒效应,其谱线就服从高斯分布。尽管固体中的原子不能运动,但高斯谱线的外形却很普遍。一般认为,这是由于晶格缺陷造成了电子能级的混乱。与洛伦兹谱线相比,在半峰宽相等的情况下,高斯谱线随着距离中心的距离的增加更迅速地趋近于零。

3. 混合谱

除了洛伦兹谱线和高斯谱线,还有一些谱线的线型,如 Voigt 谱线,它的外形是高斯谱线和洛伦兹谱线结合的结果。一般来说,结果对 HRXRD(高分辨 X 射线衍射)采用拟合的方法,拟合是基于 HRXRD 的结果可以分成高斯加宽和洛伦兹加宽两部分的原理,而不同的加宽类型代表不同的缺陷类型,洛伦兹加宽更多地体现位错加宽,高斯加宽则体现点缺陷加宽,通过加宽因子的变化可以了解材料内部各种加宽因素的相对变化。拟合采用的 Pseudo-Voigt 函数表达式如下:

$$I(x) = fI_L(x) + (1 - f)I_G(x)$$

式中,f 为洛伦兹特征分布因子,$(1-f)$ 为高斯特征分布因子。

三、峰的半波宽的计算

为了得到与晶体质量有关的信息,需要对各个峰形进行曲线拟合,以洛伦兹谱线为例,来说明如何得到拟合的洛伦兹函数,进而求出其中的半波宽。需要对图 6-3-3 中的各个峰值,分别进行洛伦兹谱线拟合。

(1)数据截取:在原始数据中,截取出所要拟合的峰值的范围,在此,首先以最高的 775. 793cm^{-1} 的峰进行数据截取,选择原始数据中的 765 ~ 785cm^{-1} 段数据,并作图,得到图 6-3-4。

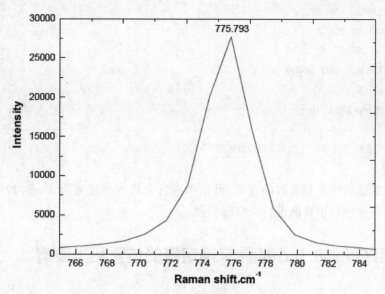

图 6 - 3 - 4　单峰的洛伦兹谱(软件截图)

（2）对以上图形进行洛伦兹谱的拟合,点击主菜单上的"Analysis",选择"Fit Lorentzian",然后进行洛伦兹谱线的拟合,见图 6 - 3 - 5。

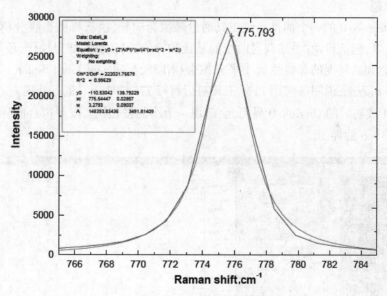

图 6 - 3 - 5　单峰的洛伦兹谱线拟合(软件截图)

拟合信息如下：

Lorentz fit to Data5_B

Data：Data5_B

Model：Lorentz

Equation：$y = y0 + (2 * A/PI) * (w/(4 * (x - xc)^2 + w^2))$

Weighting：No weighting

Chi^2/DoF　= 222021. 76579

R^2 =　0. 99629

y0 　 － 110. 53042 　 138. 79229

xc 　 775. 54447 　 0. 02857

w 　 3. 2793 　 0. 09037

A 　 148393. 83436 　 3491. 81409

Area Center Width Offset Height

----

1. 4839E5775. 54 　 3. 2793 　 － 110. 53 　 28808

　　根据洛伦兹谱的定义和参数的意义,可以得到这个峰的半波宽为 $w = 3.2793\mathrm{cm}^{-1}$。读者可以尝试着将其他的几个峰值进行类似的处理。

四、利用 Origin8.0 小插件来确定峰的位置和半波宽

　　从事色谱学、光谱学或者药理学领域研究的学者,经常会遇到多峰的标注、半波宽的计算和多峰的拟合。如果峰之间相互重叠或者带有噪声的话,拟合将是一件很麻烦的事。Origin8.0 中自带的小插件——峰拟合模板(PFM,Peak Fitting Module)是一个强有力的拟合工具,可以帮助解决此类问题。

　　PFM 是 Origin8.0 的一个插件。该工具通过峰拟合向导,执行峰的高级分析功能,可以拟合多达 240 个峰,包括自动/手动获得曲线的基线和峰位置,数据过滤等操作,还可以提供大量的内置函数,达到高精度的非线性最小平方拟合(NLSF,Nonlinear Least Squares Fitter)。下面将以图 6 - 3 - 6 为例,说明如何用 PFM 工具对衍射峰 775.793cm^{-1}进行处理。

　　安装 PFM 成功后的 Origin8.0 界面,会出现一个小的按钮 ,按照拟合向导,读者很容易得到如图 6 - 3 - 6 的界面。

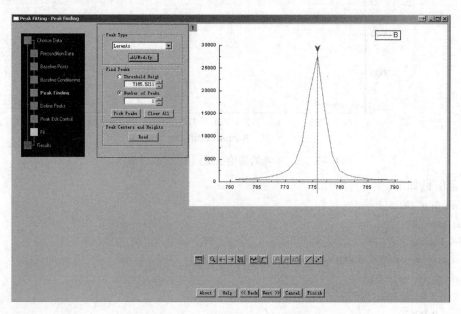

图 6 - 3 - 6　Origin 插件工具 PFM 界面

若仅仅是想得到峰的位置和半波宽,那么,此时点击图 6 - 3 - 6 界面下方最左边的按钮 $\boxed{\text{P=}}$,就可以得到如图 6 - 3 - 7 的界面。

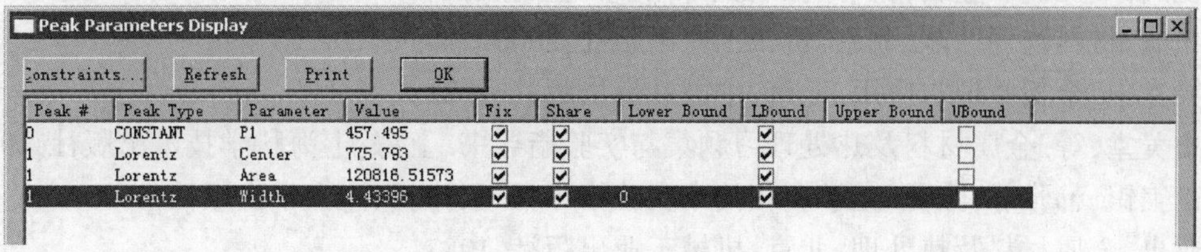

图 6 - 3 - 7　PEM 对峰的处理结果

从图 6 - 3 - 7 可以很容易地分别得到峰的位置(775.793cm^{-1})和半波宽(4.43396cm^{-1})。

参 考 文 献

[1] 伍洪标. 无机非金属材料试验. 北京:化学工业出版社,2002.

[2] 田莳. 材料物理性能. 北京:机械工业出版社,2000.

[3] 梁克中. 金相原理与应用. 北京:中国铁道出版社,1983.

[4] 史美堂,等. 金属材料及热处理习题集与实验指导书. 上海:上海科学技术出版社,1999.

[5] 李宝银,韩雅静,张勇. 光学金相技术实验指导书. 天津:天津大学出版社,1995.

[6] 赵忠. 金属材料及热处理. 北京:机械工业出版社,1987.

[7] 有色金属及热处理编写组. 有色金属及热处理. 北京:国防工业出版社,1981.

[8] 任怀亮. 金相实验技术. 北京:冶金工业出版社,1992.

[9] 韩德伟,等. 金属学实验指导书. 长沙:中南工业大学出版社,1990.

[10] 孔德明,胡慧芳,冯建辉,等. 掺杂聚苯胺吸波材料的研究. 高分子材料科学与工程, 2000,16(3):169 – 171.

[11] 张廷楷,高家诚,冯大碧. 金属学及热处理实验指导书. 重庆:重庆大学出版社,1998.

[12] 柯瓦连科. 金相试剂手册. 李春志,郑运荣,曹翰香,译. 北京:冶金出版社,1973.

[13] 岗特·斐卓. 金相浸蚀手册. 李新立,译. 北京:科学普及出版社,1982.

[14] 谭树松. 有色金属材料学. 北京:冶金工业出版社,1993.

[15] 唐仁正. 物理冶金基础. 北京:冶金工业出版社,1997.

[16] 汪守朴. 金相分析基础. 北京:机械工业出版社,1986.

[17] 周玉. 材料分析方法. 北京:机械工业出版社,2000.

[18] 谭昌瑶. 实用表面工程技术. 北京:新时代出版社,1998.

[19] 热处理手册编委会. 热处理手册:第 1 卷. 北京:机械工业出版社,1991.

附录A

铂铑—铂热电偶分度表

工作端温度,℃	0	1	2	3	4	5	6	7	8	9
	热电动势,mV(绝对伏)									
0	0.000	0.005	0.011	0.016	0.022	0.028	0.033	0.039	0.044	0.050
10	0.056	0.061	0.067	0.073	0.078	0.084	0.090	0.096	0.102	0.107
20	0.113	0.119	0.125	0.131	0.137	0.143	0.149	0.155	0.161	0.167
30	0.173	0.179	0.185	0.191	0.198	0.204	0.210	0.216	0.222	0.229
40	0.235	0.241	0.247	0.254	0.260	0.266	0.273	0.279	0.286	0.292
50	0.299	0.305	0.312	0.318	0.325	0.331	0.338	0.344	0.351	0.357
60	0.364	0.371	0.377	0.384	0.391	0.397	0.404	0.411	0.418	0.425
70	0.431	0.438	0.445	0.452	0.459	0.466	0.473	0.479	0.486	0.493
80	0.500	0.507	0.514	0.521	0.528	0.535	0.543	0.550	0.557	0.564
90	0.571	0.578	0.585	0.593	0.600	0.607	0.614	0.621	0.629	0.636
100	0.643	0.651	0.658	0.665	0.673	0.680	0.687	0.694	0.702	0.709
110	0.717	0.724	0.732	0.739	0.747	0.754	0.762	0.769	0.777	0.784
120	0.792	0.800	0.807	0.815	0.823	0.835	0.838	0.845	0.853	0.861
130	0.869	0.876	0.884	0.892	0.900	0.907	0.915	0.923	0.931	0.939
140	0.946	0.954	0.962	0.970	0.978	0.986	0.994	1.002	1.009	1.017
150	1.025	1.033	1.041	1.049	1.057	1.065	1.072	1.081	1.089	1.097
160	1.106	1.114	1.122	1.130	1.138	1.146	1.154	1.162	1.170	1.179
170	1.187	1.195	1.203	1.211	1.220	1.228	1.236	1.244	1.253	1.261
180	1.269	1.277	1.286	1.294	1.302	1.311	1.319	1.327	1.336	1.344
190	1.352	1.361	1.369	1.377	1.386	1.394	1.403	1.411	1.419	1.428
200	1.436	1.445	1.453	1.462	1.470	1.479	1.487	1.496	1.504	1.513
210	1.521	1.530	1.538	1.547	1.555	1.564	1.573	1.581	1.590	1.598
220	1.607	1.615	1.624	1.633	1.641	1.650	1.659	1.667	1.676	1.685
230	1.693	1.702	1.710	1.719	1.728	1.736	1.745	1.754	1.763	1.771
240	1.780	1.788	1.797	1.805	1.814	1.823	1.832	1.840	1.849	1.858
250	1.867	1.876	1.884	1.893	1.902	1.911	1.920	1.929	1.937	1.946
260	1.955	1.964	1.973	1.982	1.991	2.000	2.008	2.017	2.026	2.035

工作端 温度,℃	0	1	2	3	4	5	6	7	8	9
	热电动势,mV(绝对伏)									
270	2.044	2.053	2.062	2.071	2.080	2.089	2.098	2.107	2.116	2.125
280	2.134	2.143	2.152	2.161	2.170	2.179	2.188	2.197	2.206	2.215
290	2.224	2.233	2.242	2.251	2.260	2.270	2.279	2.288	2.297	2.306
300	2.315	2.324	2.333	2.342	2.352	2.361	2.370	2.379	2.388	2.397
310	2.407	2.416	2.425	2.434	2.443	2.452	2.462	2.471	2.480	2.489
320	2.498	2.508	2.517	2.526	2.535	2.545	2.554	2.563	2.572	2.582
330	2.591	2.600	2.609	2.619	2.628	2.637	2.647	2.656	2.665	2.675
340	2.684	2.693	2.703	2.712	2.721	2.730	2.740	2.749	2.719	2.768
350	2.777	2.787	2.796	2.805	2.815	2.824	2.833	2.843	2.852	2.862
360	2.871	2.880	2.890	2.899	2.909	2.918	2.928	2.937	2.946	2.956
370	2.965	2.975	2.984	2.994	3.003	3.013	3.022	3.031	3.041	3.050
380	3.060	3.069	3.079	3.088	3.098	3.107	3.117	3.126	3.136	3.145
390	3.155	3.164	3.174	3.183	3.193	3.202	3.212	3.221	3.231	3.240
400	3.250	3.260	3.269	3.279	3.288	3.298	3.307	3.317	3.326	3.336
410	3.346	3.355	3.365	3.374	3.384	3.393	3.403	3.413	3.422	3.432
420	3.441	3.451	3.461	3.470	3.480	3.489	3.499	3.509	3.518	3.528
430	3.538	3.547	3.557	3.566	3.576	3.586	3.595	3.605	3.615	3.624
440	3.634	3.644	3.653	3.663	3.673	3.682	3.692	3.702	3.711	3.721
450	3.731	3.740	3.750	3.760	3.770	3.779	3.789	3.799	3.808	3.818
460	3.828	3.838	3.847	3.857	3.867	3.877	3.886	3.896	3.906	3.916
470	3.925	3.935	3.945	3.955	3.964	3.974	3.984	3.994	4.003	4.013
480	4.023	4.033	4.043	4.052	4.062	4.072	4.082	4.092	4.102	4.111
490	4.121	4.131	4.141	4.151	4.161	4.170	4.180	4.190	4.200	4.210
500	4.220	4.229	4.239	4.249	4.259	4.269	4.279	4.289	4.299	4.309
510	4.318	4.328	4.338	4.348	4.358	4.368	4.378	4.388	4.398	4.408
520	4.418	4.427	4.437	4.447	4.457	4.467	4.477	4.487	4.497	4.507
530	4.517	4.527	4.537	4.547	4.557	4.567	4.577	4.587	4.597	4.607
540	4.617	4.627	4.637	4.647	4.657	4.667	4.677	4.687	4.697	4.707
550	4.717	4.727	4.737	4.747	4.757	4.767	4.777	4.787	4.797	4.807
560	4.817	4.827	4.838	4.848	4.858	4.868	4.878	4.888	4.898	4.908
570	4.918	4.928	4.938	4.949	4.959	4.969	4.979	4.989	4.999	5.009
580	5.019	5.030	5.040	5.050	5.060	5.070	5.080	5.090	5.101	5.111
590	5.121	5.131	5.141	5.151	5.162	5.172	5.182	5.192	5.202	5.212
600	5.222	5.232	5.242	5.252	5.263	5.273	5.283	5.293	5.304	5.314
610	5.324	5.334	5.344	5.355	5.365	5.375	5.386	5.396	5.406	5.416
620	5.427	5.437	5.447	5.457	5.468	5.478	5.488	5.499	5.509	5.519

工作端温度,℃	0	1	2	3	4	5	6	7	8	9
	热电动势,mV(绝对伏)									
630	5.530	5.540	5.550	5.561	5.571	5.581	5.591	5.602	5.612	5.622
640	5.633	5.643	5.653	5.664	5.674	5.684	5.695	5.705	5.715	5.725
650	5.735	5.745	5.756	5.766	5.776	5.787	5.797	5.808	5.818	5.828
660	5.839	5.849	5.859	5.870	5.880	5.891	5.901	5.911	5.922	5.932
670	5.943	5.953	5.964	5.974	5.984	5.995	6.005	6.016	6.026	6.036
680	6.046	6.056	6.047	6.077	6.088	6.098	6.109	6.119	6.130	6.140
690	6.151	6.161	6.172	6.182	6.193	6.203	6.214	6.224	6.235	6.245
700	6.256	6.266	6.277	6.287	6.298	6.308	6.319	6.329	6.340	6.351
710	6.361	6.372	6.382	6.392	6.403	6.413	6.424	6.434	6.445	6.455
720	6.466	6.476	6.487	6.498	6.508	6.519	6.529	6.540	6.551	6.561
730	6.572	6.583	6.593	6.604	6.614	6.124	6.635	6.645	6.656	6.667
740	6.677	6.688	6.699	6.709	6.720	6.731	6.741	6.752	6.763	6.773
750	6.784	6.795	6.805	6.816	6.827	6.838	6.848	6.859	6.870	6.880
760	6.891	6.902	6.913	6.923	6.934	6.945	6.956	6.966	6.977	6.988
770	6.999	7.009	7.020	7.031	7.041	7.051	7.062	7.073	7.084	7.095
780	7.105	7.116	7.127	7.138	7.149	7.159	7.170	7.181	7.192	7.203
790	7.213	7.224	7.235	7.246	7.257	7.268	7.279	7.289	7.300	7.311
800	7.322	7.333	7.334	7.335	7.365	7.376	7.387	7.397	7.408	7.419
810	7.430	7.441	7.452	7.462	7.473	7.484	7.495	7.506	7.517	7.528
820	7.539	7.550	7.561	7.572	7.583	7.594	7.605	7.615	7.626	7.637
830	7.648	7.695	7.607	7.681	7.692	7.703	7.714	7.724	7.735	7.746
840	7.757	73768	7.779	7.790	7.801	7.812	7.823	7.834	7.845	7.856
850	7.867	7.878	7.789	7.901	7.912	7.923	7,934	7.945	7.956	7,967
860	7.978	7.989	8.000	8.001	8.022	8.033	8.043	8.054	8.066	8.077
870	8.808	8.909	8.110	8.121	8.132	8.143	8.154	8.166	8.177	8.188
880	8.819	8.210	8.221	8.232	8.244	8.255	8.266	8.277	8.288	8.299
890	8.310	8.322	8.333	8.344	8.355	8.366	8.377	8.388	8.399	8.410
900	8.421	8.433	8.444	8.445	8.466	8.477	8.489	8.500	8.511	8.522
910	8.534	8.545	8.556	8.567	8.579	8.590	8.601	8.612	8.624	8.635
920	8.646	8.567	8.668	8.679	8.690	8.702	8.713	8.724	8.735	8.747
930	8.758	8.769	8.781	8.792	8.803	8.815	8.826	8.837	8.849	8.860
940	8.871	8.883	8.898	8.905	8.917	8.928	8.939	8.951	8.962	8.974
950	8.985	8.996	9.007	9.018	9.029	9.041	9.052	8.064	9.075	9.086
960	9.808	9.109	9.121	9.132	9.144	90155	9.166	9.178	9.189	9.201
970	9.212	9.223	9.225	9.247	9.258	90269	9.281	9.202	9.303	9.314
980	9.326	9.337	9.349	9.360	9.372	9.383	9.395	9.406	9.418	9.429

工作端 温度,℃	0	1	2	3	4	5	6	7	8	9
	热电动势,mV(绝对伏)									
990	9.421	9.452	9.464	9.475	9.487	9.498	9.510	9.521	9.533	9.545
1000	9.556	9.568	9.579	9.591	9.602	9.613	9.624	9.636	9.648	9.659
1010	9.671	8.682	9.694	9.705	9.717	9.729	9.740	9.752	9.764	9.775
1020	9.787	9.798	9.810	9.822	9.833	9.845	9.856	9.868	9.880	9.891
1030	9.029	9.914	9.925	9.937	9.949	9.960	9.972	9.984	9.995	10.007
1040	10.019	10.030	10.042	10.054	10.066	10.077	10.089	10.101	10.112	10.124
1050	10.136	10.147	10.193	10.171	10.183	10.194	10.205	10.217	10.229	10.240
1060	10.252	10.642	10.276	10.028	10.299	10.311	10.323	10.334	10.346	10.358
1070	10.370	10.382	10.393	10.405	10.417	10.429	10.441	10.452	10.464	10.476
1080	10.488	10.500	10.511	10.523	10.535	10.547	10.559	10.570	10.582	10.594
1090	10.605	10.617	10.629	10.640	10.652	10.664	10.676	10.688	10.700	10.711
1100	10723	10.735	10.747	10.759	10.771	10.783	10.794	10.806	10.818	10.830
1110	10.842	10.854	10.866	10.878	10.889	10.901	10.913	10.925	10.937	10.949
1120	10.961	10.973	10.985	10.996	11.008	11.020	11.032	11.044	11.056	11.068
1130	11.080	11.092	11.104	11.115	11.127	11.139	11.515	11.163	11.175	11.187
1140	11.198	11.210	11.222	11.234	11.246	11.258	11.270	11.281	11.293	11.305
1150	11.317	11.329	11.341	11.353	11.365	11.377	11.389	11.401	11.413	11.425
1160	11.437	11.449	11.461	11.473	11.485	11.497	11.509	11.521	11.533	11.545
1170	11.556	11.568	11.580	11.592	11.604	11.616	11.628	11.640	11.652	11.664
1180	11.667	11.688	11.699	11.711	11.723	11.735	11.747	11.759	11.771	11.783
1190	11.795	11.807	11.819	11.831	11.843	11.855	11.867	11.879	11.891	11.903
1200	11.915	11.927	11.939	11.951	11.963	11.975	11.987	11.999	12.011	12.023
1210	12.035	12.047	12.059	12.071	12.083	12.095	12.107	12.119	12.131	12.143
1220	12.155	12.167	12.180	12.192	12.204	12.216	12.228	12.240	12.252	12.263
1230	12.275	12.287	12.299	12.311	12.323	12.335	12.347	12.359	12.371	12.383
1240	12.395	12.407	12.419	12.431	12.443	12.455	12.467	12.479	12.491	12.503
1250	12.515	12.527	12.539	12.552	12.564	12.576	12.588	12.600	12.612	12.624
1260	12.636	12.648	12.660	12.672	12.684	12.696	12.708	12.720	12.732	12.744
1270	12.756	12.768	12.780	12.792	12.804	12.816	12.828	12.840	12.851	12.863
1280	12.875	12.887	12.899	12.911	12.923	12.935	12.947	12.959	12.971	12.983
1290	12.996	13.008	13.020	13.032	13.044	13.056	13.068	13.080	13.092	13.104
1300	13.116	13.128	13.140	13.152	13.164	13.176	13.188	13.200	13.212	13.224
1310	13.236	13.248	13.260	13.272	13.284	13.296	13.308	13.320	13.332	13.344
1320	13.356	13.368	13.380	13.392	13.404	13.415	13.427	13.439	13.451	13.463
1330	13.475	13.487	13.499	13.511	13.523	13.535	13.547	13.559	13.571	13.583
1340	13.595	13.607	13.619	13.631	13.643	13.655	13.667	13.679	13.691	13.703

工作端温度,℃	0	1	2	3	4	5	6	7	8	9
	热电动势,mV(绝对伏)									
1350	13.715	13.727	13.739	13.751	13.763	13.775	13.787	13.799	13.811	13.823
1360	13.835	13.847	13.859	13.871	13.883	13.895	13.907	13.919	13.931	13.943
1370	13.955	13.967	13.979	13.990	14.002	14.014	14.026	14.038	14.050	14.062
1380	14.074	14.086	14.098	14.109	14.121	14.133	14.145	14.157	14.169	14.181
1390	14.193	14.205	14.217	14.229	14.241	14.253	14.265	14.277	14.289	14.301
1400	14.313	14.325	14.337	14.349	14.361	14.373	14.385	14.397	14.409	14.421
1410	14.433	14.445	14.457	14.469	14.480	14.492	14.504	14.516	14.528	14.540
1420	14.552	14.564	14.576	14.588	14.599	14.611	14.623	14.635	14.647	14.659
1430	14.671	14.683	14.695	14.707	14.719	14.730	14.742	14.754	14.766	14.778
1440	14.790	14.802	14.814	14.826	14.838	14.850	14.862	14.874	14.886	14.898
1450	14.910	14.921	14.933	14.945	14.957	14.969	14.981	14.993	15.005	15.017
1460	15.029	15.041	15.053	15.065	15.077	15.088	15.100	15.112	15.124	15.136
1470	15.148	15.160	15.172	15.184	15.195	15.207	15.219	15.230	15.242	15.254
1480	15.266	15.278	15.290	15.302	15.314	15.326	15.338	15.350	15.361	15.373
1490	15.385	15.397	15.409	15.421	15.433	15.445	15.457	15.469	15.481	15.492
1500	15.504	15.516	15.528	15.540	15.552	15.564	15.576	15.588	15.599	15.611
1510	15.623	15.635	15.647	15.659	15.671	15.683	15.695	15.706	15.718	15.730
1520	15.742	15.754	15.766	15.778	15.790	15.802	15.813	15.824	15.836	15.848
1530	15.860	15.872	15.884	15.895	15.907	15.919	15.931	15.943	15.955	15.967
1540	15.979	15.990	16.002	16.014	16..26	16.038	16.050	16.062	16.073	16.085
1550	16.097	16.109	16.121	16.133	16.144	16.156	16.168	16.180	16.192	16.204
1560	16.216	16.227	16.239	16.251	16.263	16.275	16.287	16.298	16.310	16.322
1570	16.334	16.346	16.358	16.369	16.381	16.393	16.404	16.416	16.428	16.439
1580	16.451	16.463	16.475	16.487	16.499	16.510	16.522	16.534	16.546	16.558
1590	16.569	16.581	16.593	16.605	16.617	16.629	16.640	16.652	16.664	16.676
1600	16.688									

附录B

镍铬—镍硅（镍铬—镍铝）热电偶分度表

工作端温度，℃	0	1	2	3	4	5	6	7	8	9
	热电动势，mV（绝对伏）									
−50	−1.86									
−40	−1.50	−1.54	−1.57	−1.60	−1.64	−1.68	−1.72	−1.75	−1.79	−1.82
−30	−1.14	−1.18	−1.21	−1.25	−1.28	−1.32	−1.36	−1.40	−1.43	−1.46
−20	−0.77	−0.81	−0.84	−0.88	−0.92	−0.96	−0.99	−1.03	−1.07	−1.10
−10	−0.39	−0.43	−0.47	−0.51	−0.55	−0.59	−0.62	−0.66	−0.70	−0.74
−0	−0.00	−0.04	−0.08	−0.12	−0.16	−0.20	−0.23	−0.27	−0.31	−0.35
+0	0.00	0.04	0.08	0.12	0.16	0.20	0.24	0.28	0.32	0.36
10	0.40	0.44	0.48	0.52	0.56	0.60	0.64	0.68	0.72	0.76
20	0.80	0.84	0.88	0.92	0.96	1.00	1.04	1.08	1.12	1.16
30	1.20	1.24	1.28	1.32	1.36	1.41	1.45	1.49	1.53	1.57
40	1.61	1.65	1.69	1.73	1.77	1.82	1.86	1.90	1.94	1.98
50	2.02	2.06	2.10	2.14	2.18	2.23	2.27	2.31	2.35	2.39
60	2.43	2.47	2.51	2.56	2.60	2.64	2.68	2.72	2.77	2.81
70	2.85	2.89	2.93	2.97	3.01	3.06	3.10	3.14	3.18	3.22
80	3.26	3.30	3.34	3.39	3.43	3.47	3.51	3.55	3.60	3.64
90	3.68	3.72	3.76	3.81	3.85	3.89	3.93	3.97	4.02	4.06
100	4.10	4.14	4.18	4.22	4.26	4.31	4.35	4.39	4.43	4.47
110	4.51	4.55	4.59	4.63	4.67	4.72	4.76	4.80	4.84	4.88
120	4.92	4.96	5.00	5.04	5.08	5.13	5.07	5.21	5.25	5.29
130	5.33	5.37	5.41	5.45	5.49	5.53	5.57	5.62	5.65	5.69
140	5.73	5.77	5.81	5.85	5.89	5.93	5.97	6.01	6.05	6.09
150	6.13	6.17	6.21	6.25	6.29	6.33	6.37	6.41	6.45	6.49
160	6.53	6.57	6.61	6.65	6.69	6.73	6.77	6.81	6.85	6.89
170	6.93	6.97	7.01	7.05	7.09	7.13	7.17	7.21	7.25	7.29
180	7.33	7.37	7.41	7.45	7.49	7.53	7.57	7.61	7.65	7.69
190	7.73	7.77	7.81	7.85	7.89	7.93	7.97	8.01	8.05	8.09
200	8.13	8.17	8.21	8.25	8.29	8.33	8.37	8.41	8.45	8.49

工作端温度,℃	0	1	2	3	4	5	6	7	8	9
	热电动势,mV(绝对伏)									
210	8.53	8.57	8.61	8.65	8.69	8.73	8.77	8.81	8.85	8.89
220	8.93	8.97	8.01	9.06	9.10	9.14	9.18	9.22	9.26	9.30
230	9.34	9.38	9.42	9.46	9.50	9.54	9.58	9.62	9.66	9.70
240	9.74	9.78	9.82	9.86	9.90	9.95	9.99	10.03	10.07	10.11
250	10.15	10.19	10.23	10.27	10.31	10.35	10.40	10.44	10.48	10.52
260	10.56	10.60	10.64	10.68	10.72	10.77	10.81	10.85	10.89	10.93
270	10.97	11.01	11.05	11.09	11.13	11.18	11.22	11.26	11.30	11.34
280	11.38	11.42	11.46	11.51	11.55	11.59	11.63	11.67	11.72	11.76
290	11.80	11.84	11.88	11.92	11.96	12.01	12.05	12.09	12.13	12.17
300	12.21	12.25	12.29	12.33	12.37	12.42	12.46	12.50	12.54	12.58
310	12.62	12.66	12.70	12.75	12.79	12.83	12.87	12.91	12.96	13.00
320	13.04	13.08	13.12	13.16	13.20	13.25	13.29	13.33	13.37	13.41
330	13.45	13.49	13.53	13.58	13.62	13.66	13.70	13.74	13.79	13.83
340	13.87	13.91	13.95	14.00	14.04	14.08	14.12	14.16	14.21	14.25
350	14.30	14.34	14.38	14.43	14.47	14.51	14.55	14.59	14.64	14.68
360	14.72	14.76	14.80	14.85	14.89	14.93	14.97	15.01	15.06	15.10
370	15.14	15.18	15.22	15.27	15.31	15.35	15.39	15.43	15.48	15.52
380	15.56	15.60	15.64	15.69	15.73	15.77	15.81	15.85	15.90	15.94
390	15.98	15.02	15.06	16.11	16.15	16.19	16.23	16.27	16.32	16.36
400	16.40	16.44	16.49	16.53	16.57	16.62	16.66	16.70	16.74	16.79
410	16.83	16.87	16.91	16.96	17.00	17.04	17.08	17.12	17.17	17.21
420	17.25	17.29	17.33	17.38	17.42	17.46	17.50	17.54	17.59	17.63
430	17.67	17.71	17.75	17.79	17.84	17.88	17.92	17.96	18.01	18.05
440	18.09	18.13	18.17	18.22	18.26	18.30	18.34	18.38	18.43	18.47
450	18.51	18.55	18.60	18.64	18.68	18.73	18.77	18.81	18.85	18.90
460	18.94	18.98	19.03	19.07	19.11	19.46	19.20	19.24	19.28	19.33
470	19.37	19.41	19.45	19.50	19.54	19.58	19.62	19.66	19.71	19.75
480	19.79	19.83	19.88	19.92	19.96	20.01	20.05	20.09	20.13	20.18
490	20.22	20.26	20.31	20.35	20.39	20.44	20.48	20.52	20.56	20.61
500	20.65	20.69	20.74	20.78	20.82	20.87	20.91	20.95	20.99	21.04
510	21.08	21.12	21.16	21.21	21.25	21.29	21.33	21.37	21.42	21.46
520	21.50	21.54	21.59	21.63	21.67	21.72	21.76	21.80	21.84	21.89
530	21.93	21.97	22.01	22.06	22.10	22.14	22.18	22.22	22.27	22.31
540	22.35	22.39	22.44	22.48	22.52	22.57	22.61	22.65	22.69	22.74
550	22.78	22.82	22.87	22.91	22.95	23.00	23.04	23.08	23.12	23.17
560	23.21	23.25	23.29	23.34	23.38	23.42	23.46	23.50	23.55	23.59

工作端 温度,℃	0	1	2	3	4	5	6	7	8	9
	热电动势,mV(绝对伏)									
570	23.63	23.67	23.71	23.85	23.79	23.84	23.88	23.92	23.96	24.01
580	24.05	24.09	24.14	24.18	24.22	24.27	24.31	24.35	24.39	24.44
590	24.48	24.52	24.56	24.61	24.65	24.69	24.73	24.77	24.82	24.86
600	24.90	24.94	24.99	25.03	25.07	25.12	25.15	25.49	25.23	25.27
610	25.32	25.37	25.41	25.46	25.50	25.54	25.58	25.62	25.67	25.71
620	25.75	25.79	25.81	25.88	25.92	25.97	26.01	26.05	26.09	26.14
630	26.18	26.22	26.26	26.31	26.35	26.39	26.43	26.47	26.52	26.56
640	26.60	26.64	26.69	26.73	26.77	26.82	26.86	26.90	26.94	26.99
650	27.03	27.07	27.11	27.16	27.20	27.24	27.28	27.32	27.37	27.41
660	27.45	27.49	27.53	27.57	27.62	27.66	27.70	27.74	27.79	27.83
670	27.87	27.91	2795	28.00	28.04	28.08	28.12	28.16	28.21	28.25
680	28.29	28.33	28.38	28.42	28.46	28.50	28.54	28.58	28.62	28.67
690	28.71	28.75	28.79	28.84	28.88	28.92	28.96	29.00	29.05	29.09
700	29.13	29.17	29.21	29.26	29.30	29.34	29.38	29.42	29.47	29.51
710	29.55	29.59	29.63	29.68	29.72	29.76	29.80	29.84	29.89	29.93
720	29.97	30.01	30.05	30.10	30.14	30.18	30.22	30.26	30.31	30.35
730	30.39	30.43	30.47	30.52	30.56	30.60	30.64	30.68	30.73	30.77
740	30.81	30.85	30.89	30.93	30.97	31.02	31.06	31.10	31.14	31.18
750	31.22	31.26	31.30	31.35	31.39	31.43	31.47	31.51	31.56	31.60
760	31.64	31.68	31.72	31.77	31.81	31.85	31.89	31.93	31.98	32.02
770	32.06	32.10	32.14	32.18	32.22	32.26	32.30	32.34	32.38	32.42
780	32.46	32.50	32.54	32.59	32.63	32.67	32.71	32.57	32.80	32.84
790	32.87	32.91	32.95	33.00	33.04	33.09	33.13	33.17	33.21	33.25
800	33.29	33.33	33.37	33.41	33.45	33.49	33.53	33.57	33.61	33.65
810	33.69	33.73	33.77	33.81	33.85	33.90	33.94	33.98	34.02	34.06
820	34.10	34.14	34.18	34.22	34.26	34.30	34.34	34.38	34.42	34.46
830	34.51	34.54	34.58	34.62	34.66	34.71	34.75	34.79	34.83	34.87
840	34.91	34.95	34.99	35.03	35.07	35.11	35.16	35.20	35.24	35.28
850	35.32	35.36	35.40	35.44	35.48	35.52	35.56	35.60	35.64	35.68
860	35.72	35.76	35.80	35.84	35.88	35.93	35.97	36.01	36.05	36.09
870	36.13	36.17	36.21	36.25	36.29	36.33	36.37	36.41	36.45	36.49
880	36.53	36.57	36.61	36.65	36.69	36.73	36.77	36.81	36.85	36.89
890	36.93	36.95	37.01	37.05	37.09	37.13	37.17	37.21	37.25	37.29
900	37.33	37.37	37.41	37.45	37.49	37.53	37.57	37.61	37.65	37.69
910	37.73	37.77	37.81	37.85	37.89	37.93	37.97	38.01	38.05	38.09
920	38.13	38.17	38.21	38.25	38.29	38.33	38.37	38.41	38.45	38.49

工作端温度,℃	0	1	2	3	4	5	6	7	8	9
	热电动势,mV(绝对伏)									
930	38.53	38.57	38.61	38.65	38.69	38.73	38.77	38.81	38.85	38.89
940	38.93	38.97	39.01	39.05	39.09	39.13	39.16	39.20	39.24	39.28
950	39.32	39.36	39.40	39.44	39.48	39.52	39.56	39.60	39.64	39.68
960	39.72	39.76	39.80	39.83	39.87	39.91	39.94	39.98	40.02	40.06
970	40.10	40.14	40.18	40.22	40.26	40.30	40.33	40.37	40.41	40.45
980	40.49	40.53	40.57	40.61	40.65	40.69	40.72	40.76	40.80	40.84
990	40.88	40.92	40.96	41.00	41.04	41.08	41.11	41.15	41.19	41.23
1000	41.27	41.31	41.35	41.39	41.43	41.47	41.50	41.54	41.58	41.62
1010	41.66	41.80	41.74	41.77	41.81	41.85	41.89	41.93	41.96	42.00
1020	42.04	42.08	42.12	42.16	42.20	42.24	42.27	42.31	42.35	42.39
1030	42.43	42.47	42.51	42.55	42.59	42.63	42.66	42.70	42.74	42.78
1040	42.8	42.87	42.90	42.93	42.97	43.01	43.05	43.09	43.13	43.17
1050	43.21	43.25	43.29	43.32	43.35	43.39	43.43	43.47	43.51	43.55
1060	43.59	43.63	43.67	43.69	43.73	43.77	43.81	43.85	43.89	43.93
1070	43.97	44.01	44.05	44.08	44.11	44.15	44.19	44.22	44.24	44.30
1080	44.34	44.38	44.42	44.45	44.49	44.53	44.57	44.61	44.64	44.68
1090	44.72	44.76	44.80	44.83	44.87	44.91	44.95	44.99	45.02	45.06
1100	45.10	45.14	45.18	45.21	45.25	45.29	45.33	45.37	45.40	45.44
1110	45.48	45.52	45.55	45.59	45.63	45.67	45.70	45.74	45.78	45.81
1120	45.85	45.89	45.93	45.96	46.00	46.04	46.08	46.12	46.15	46.19
1130	46.23	46.27	46.30	46.34	46.38	46.42	46.45	46.49	46.53	46.56
1140	46.60	46.64	46.67	46.71	46.75	46.79	46.82	46.86	46.90	46.93
1150	46.97	47.01	47.04	47.08	47.12	47.16	47.19	47.23	47.27	47.30
1160	47.34	47.38	47.41	47.45	47.49	47.53	47.56	47.60	47.64	47.67
1170	47.71	47.75	47.78	47.82	47.86	47.90	47.93	47.97	48.01	48.04
1180	48.08	48.12	48.15	48.19	48.22	48.26	48.30	48.33	48.37	48.40
1190	48.44	48.48	48.51	48.55	48.59	48.63	48.66	48.70	48.74	48.77
1200	48.81	48.85	48.88	48.92	48.95	48.99	49.03	49.06	49.10	49.13
1210	49.17	49.21	49.24	49.28	49.31	49.35	49.39	49.42	49.46	49.49
1220	49.53	49.57	49.60	49.64	49.67	49.71	49.75	49.78	49.82	49.85
1230	49.89	49.93	49.96	50.00	50.03	50.07	50.11	50.14	50.18	50.21
1240	50.25	50.29	50.32	50.36	50.39	50.43	50.47	50.50	50.54	50.59
1250	50.61	50.65	50.68	50.72	50.75	50.79	50.83	50.86	50.90	50.93
1260	50.96	51.00	51.03	51.07	51.10	51.14	51.18	51.21	51.25	51.28
1270	51.32	51.35	51.39	51.43	51.46	51.50	51.54	51.57	51.61	51.64
1280	51.67	51.71	51.74	51.78	51.81	51.85	51.88	51.92	51.95	51.99

工作端温度,℃	0	1	2	3	4	5	6	7	8	9
	热电动势,mV(绝对伏)									
1290	52.02	52.06	52.09	52.13	52.16	52.20	52.23	52.27	52.30	52.33
1300	52.37									

附录C

LVDT型位移传感器

一、位移传感器的工作原理

位移传感器是一种位移测量元件,它能将位移信号线性地转换成电压信号,从而完成对位移的自动测量与自动控制。

位移传感器的结构如附图1所示。当一次绕组加上适当的激磁电压后,两个二次绕组分别产生感应电势 E_1 和 E_2,如果铁芯 H 正处于中心位置,两个感应电势相等,即 $E_1 = E_2$;当铁芯向右移动时,左侧绕组的感应电势 E_1 上升,同时右侧绕组的感应电势 E_2 下降,反之亦然。如果将两个二次绕组差接,即把两个二次绕组的一对同名端相接可获得附图2所示的位移—电压曲线。如果把上述差接后的信号经过三极半波解调线路后,就可获得附图3所示的位移—电压曲线,解调后的电压信号经过运算放大器转换成毫安级直流信号输出。欲将标准直流电流信号的输出转换为电压信号的输出,在位移传感器的输出并联一定的电阻就行了。此电压信号可以直接接到 X—Y 记录仪的输入端,X—Y 记录仪就会自动绘制出位移随时间变化的曲线。传感器采用220V、50Hz 的交流电作为电源,输出为直流电压。其原理方框图如附图4所示。

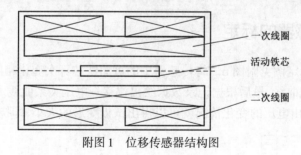

附图1 位移传感器结构图

一次线圈
活动铁芯
二次线圈

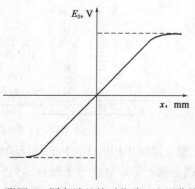

附图2 同名端相接时位移—电压曲线　　附图3 同名端差接时位移—电压曲线

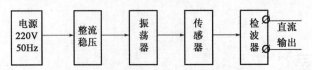

附图 4　位移传感器的原理结构图

该位移传感器可以使用电子电位差计、$X—Y$ 记录仪、直流数字电压表、SC20 光线示波器等作为二次仪表。传感器、传感器接线盒及二次仪表的连接如附图 5 所示。

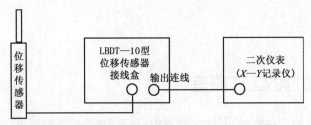

附图 5　传感器、传感器接线盒与二次仪表连接图

二、位移传感器的使用方法

（1）将传感器插头和输出插头分别按照附图 5 所示插入接线盒面板插座上，将输出线的另一端与二次仪表相连。

（2）接通电源，接线盒面板上的指示灯亮，推动一下传感器活动铁芯，二次仪表上应有输出信号。

（3）固定好传感器，使它与被测物接触后，把活动铁芯调整到机械零位，这时输出信号应为零，即可测量相对位移量。

（4）输出极性：铁芯向里为 +，铁芯向外为 −，如果极性反可调换输出线头。

三、位移传感器的标定

位移传感器的标定图见附图 6。将传感器中的可动铁芯每次变化相同的位移，用 $X—Y$ 记录仪记录下电压变化曲线，最后根据记录数据绘出位移—电压关系曲线。这样在实验时，只要从 $X—Y$ 记录仪上读出电压的变化情况就可以得出试板变形的大小，即挠度值 f。

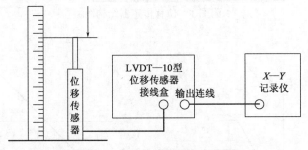

附图 6　位移传感器标定实验图

应当注意标定时采用的 $X—Y$ 记录仪的灵敏度与实验时应该一样。若采用不同的灵敏度来做实验，则必须对传感器进行重新标定，否则实验误差很大。而且传感器在使用很长一段时间后，应该对其进行重新标定，以保证实验结果的准确性。